纺织服装高等教育“十二五”部委级优秀教材
纺织服装高等教育“十三五”部委级规划教材
浙江省社会科学界联合会社科普及课题成果
浙江省社会科学界联合会社科普及出版资助项目

Fashion Sense and Coordination

服饰礼仪和搭配技巧

主编◎刘建长　戴炯　刘红

東華大學出版社·上海

图书在版编目(CIP)数据

服饰礼仪和搭配技巧 / 刘建长，戴炯，刘红主编
. —上海：东华大学出版社，2019.6
ISBN 978-7-5669-1582-5

Ⅰ. ①服… Ⅱ. ①刘… ②戴… ③刘… Ⅲ. ①服饰美学—教材 Ⅳ. ①TS941.11

中国版本图书馆 CIP 数据核字(2019)第 095454 号

责任编辑 曹晓虹
封面设计 戚亮轩

服饰礼仪和搭配技巧
刘建长 戴 炯 刘 红 主编

出版发行 东华大学出版社（上海市延安西路 1882 号 邮政编码：200051）
联系电话 编辑部 021-62379902
营销中心 021-62193056 62373056
天猫旗舰店 http://dhdx.tmall.com
印　　刷 上海锦良印刷厂
开　　本 889 mm×1194 mm 1/16
印　　张 10.75
字　　数 387 千字
版　　次 2019 年 6 月第 1 版
印　　次 2019 年 6 月第 1 次印刷
书　　号 ISBN 978-7-5669-1582-5
定　　价 41.90 元

前 言
Preface

服饰是一个人的仪表非常重要的组成部分之一。英国作家莎士比亚曾经说过，一个人的穿着打扮就是他教养、品位、地位的最真实的写照。在日常工作和交往中，尤其是在正式场合，穿着打扮的问题越来越引起人们的重视。从这个意义上说，服饰礼仪和搭配技巧是人人皆需要认真去考虑、去面对的问题。

从某种意义上说，服饰也是一门艺术，服饰所传达的情感与意蕴甚至不是语言所能替代的。在不同场合，穿着得体、适当的人，给人留下良好的印象；而穿着不当则会降低身份，损害自身形象。因此，在当今时代，掌握着装的常识、原则以及服饰礼仪和搭配技巧的知识，对不同层次、不同年龄、不同身份的人都很重要。浙江纺织服装职业技术学院商学院副院长、文化研究院兼职研究员刘建长副教授和时装学院装饰艺术专业主任戴炯老师在多年的工作、教学、培训、市场调研和实践中积累了大量的原创素材和原始图片，陕西服装工程学院刘红老师参与编写、整理和修订。这更增加了本书内容的可读性。

本书的主要读者为所有关注自身形象礼仪和穿着打扮的人。希望通过梳理服饰礼仪和搭配技巧的知识，且配有相应图片的这本书，能帮助广大读者学习服饰礼仪知识，掌握一定的服饰搭配技巧，最终提升自身形象。

编　者

目　录

Contents

第一篇　服饰礼仪

第二篇　服饰搭配技巧

第一篇

服饰礼仪

第一章 服饰的时代性及功能

服装是衣服和着装的统称。服装是穿着于人体起保护和装饰作用的制品，其同义词有“衣服”和“衣裳”。中国古代称“上衣下裳”。广义的衣物除了躯干与四肢的遮蔽物之外，还包含手部（手套）、脚部（鞋子）与头部（帽子）的遮蔽物。服饰的含义，包括服装及其附加的装饰品。狭义的服饰主要指服装饰品，广义的服饰，指服装和所有与人体有关的装饰品。

服装是伴随着人类社会的起源而发展起来的，在人类社会发展的早期就已出现。古代人类把身边能找到的各种材料做成粗陋的“衣服”，用以护身，其中包括树叶和兽皮，作用是遮羞和保温。人类最初的衣服是用兽皮制成的，包裹身体的最早“织物”是用麻类纤维和茅草编制而成的。原始社会，人类开始有简单的纺织生产，采集野生的天然纤维，搓绩编织以供生活衣着服用。随着农牧业生产的发展，人工培育的纺织原料渐渐增多，制作服装的工具由简单到复杂不断发展，服装用料品种也日益增加。织物的原料、编织结构和生产方法决定了服装形式。早期的粗糙坚硬的纤维，只能制作粗糙简单的服装；有了更柔软的细薄纤维织物，才有可能制出复杂而有轮廓的服装。

最古老的服装饰品是腰带，用来束缚宽大的衣襟，也用以悬挂武器等必需物件。束在腰带下边的兽皮、树叶以及编织物，就是早期的裙子。早期的人类也用贝壳制成项链戴在脖子上，就有了最早的装饰。

从某种意义上说，服饰是一门艺术，服饰所能传达的情感与意蕴甚至不是语言所能替代的。在不同场合，穿着得体、适度的人，给人留下良好的印象；而穿着不当，则会降低人的身份，损害自身的形象。在社交场合，得体的服饰是一种礼貌，一定程度上影响着人际关系的和谐。

影响着装效果的因素，一是要有文化修养和高雅的审美能力，即所谓“腹有诗书气自华”；二是要有健康的体态素质，身材均匀体貌正常是着装美的天然条件；三是要掌握着装的常识、着装原则和服饰礼仪的知识。

服饰是一个人的仪表中非常重要的一个组成部分。英国作家莎士比亚曾经说过，一个人的穿着打扮就是他的教养、品位、地位的最真实的写照。在日常工作和交往中，尤其是在正式的场合，穿着打扮的问题越来越引起人们的重视。从这个意义上，服饰礼仪是人人皆需要认真去考虑、认真去面对的问题。

从历史到今天，服装的种类千变万化，人们发现，着装体现着一种社会文化。一个时代有一个时代的着装规范，中国古代的“胡服骑射”，讲的就是着装与游牧文化及农耕文明的关系。赵武灵王是战国时赵国的一位奋发有为的国君，他为了抵御北方胡人的侵略，实行了“胡服骑射”的军事改革。改革的中心内容是让部下和汉人穿着胡人的服装，学习胡人骑马射箭的作战方法，以便在与胡人的战争中取胜。所谓“胡服”，其服上褶下绔，有貂、蝉为饰的武冠，金钩为饰的具带，足上穿靴，便于骑射。为此，赵武灵王力排众议，带头穿胡服，习骑马，练射箭，亲自训练士兵，使赵国军事力量日益强大，而能西退胡人、北灭中山国，成为“战国七雄”之一。在“胡服骑射”故事中，“胡人”是指古代西北方的少数民族，指学习胡人的短打扮服饰，同时也学习他们的骑马、射箭等武艺。

西装、中山装、旗袍、古代欧洲女士束腰长裙等，都体现着不同民族、不同时代的着装文化。一个人有一个人的着装特点，体现着一个人的文化修养和审美情趣，是一个人的身份、气质、内在素质的综合外在反映。

一、服饰的时代性

在人类社会初始阶段，人们就有粗糙的着装。随着社会文明的推进，在人类的不断努力下，服装的材料的选择和加工，发生了深刻的变化。纺织技术也在不断进步，从人工用纺车纺纱织布，到机器的纺织棉花、羊毛和亚麻，服装的布料从粗糙到细腻，有了质的变化。在技术的推动下，服装的质地和色泽随之产生了极大的变化。

在服装的款式上，随着人们对服装的社会功能认识的不断深化，有了服装设计的概念和服装等级的分野。普通人的着装，注重实用和保温，强调穿着的舒适和劳动中便利；贵族的服装，体现着身份和等级，是财富和地位的象征。中国古代官吏和士大夫的着装，不同时代有不同的色泽和款式规范。欧洲贵族也是如此，他们甚至觉得仅从服装上体现差别还不够，他们还要戴上金黄色的长长的弯曲假发，装饰头部，以示庄严和郑重。皇家的着装，更是等级森严，龙袍加身是皇帝登基的象征，各级官吏的服装有严格规范，等级森严，不可越雷池一步。

服装既作为人类文明与进步的象征，同时又是一个国家、民族文化艺术的组成部分。一个民族的服装，是随着民族文化的延续发展而不断发展的，它不仅具体地反映了人们的生活方式和生活水平，而且形象地体现了人们的思想意识和审美观念的变化和升华。中国的服装是伴随着中华民族的文化一同成长和发展的。华夏中原地区是汉文化的发源地，也是东方文化最古老最发达的中心。华夏东方文化在历史进程中呈放射状向四方传播，对周边地区和民族有极大影响。华夏民族服装的发展也正是在这种文化的发展基础上，蓬勃地发展起来的，并与周边地区和各民族服装互相影响。在时代发展的纵向进程中，中华民族服饰走过了5000年的历史。

从上古至封建社会灭亡，我国服装在几千年的演变过程中，以长袍服饰为主，以高领阔袖、长衣拖地以及直线正裁法和交领等为特征。这种服装用料多，适合各种身材的人穿着，体现了行为端正、步履庄重的特点。历朝历代推行的官吏和士大夫服装，显示着明显的等级服冠制度，在几千年的历史中保持和发展着。虽然随着改朝换代以及时间的推移，中国服装不断地出现新式样，而且朝代之间既有着明显的区别，又有明显的继承关系，一步一步地沿续与交错着向前发展。古朴的秦汉服装、富丽的隋唐五代服装、高雅的宋装、堂皇的明装、华贵的清装，它们是社会历史发展的产物，显示着社会经济和政治的相互联系，其中最典型的莫过于唐代的服装。从魏晋南北朝开始直到盛唐之后，主要是汉族服装与西北地区其他民族的发展相关联。在这几百年的历史进程中，中国从分裂走向统一，封建社会在经济、政治、文化方面都处于上升时期。尤其当盛唐成为亚洲各民族经济文化交流中心的时期，更是我国文化史上最光辉的一页。在这一时期，大量地吸收印度和伊朗的文化，并融于我国的文化之中，这可以从壁画、石刻、书、画、绣、陶俑及服装之中充分体现出来。

唐代的妇女服饰，是历代服饰中的佼佼者，衣料质地考究，选型雍容华贵而大胆，装扮配饰富丽堂皇而考究。其形制虽然仍是汉隋遗风的延续，但是多受北方少数民族鲜卑人的影响，同时也受到西域涌进来的文化艺术的影响。以历史名画《簪花仕女图》的服饰为例，图中妇女袒胸、露臂、披纱、斜领、大袖、长裙的着装状态，就是最典型的开放服式。衣外披有紫色的纱衫，衫上背纹隐约可见，内衣无袖“罗薄透凝脂”，幽柔清澈。丝绸衬裙露于衫外，拖曳在地面上，可与17世纪、18世纪的欧洲宫廷长裙相媲美。这种服式从北朝以来，甚至唐代开元、天宝时期，都不曾出现过，因此风格独特。

在横向的交流影响中，促使一个民族的服装发生变化以及如何变化的根本原因，取决于经济和文化的强盛程度。清朝末年，中国封建社会处于即将崩溃之际，政治黑暗、经济衰弱、思想禁锢，中国社会在走下坡路，资本主义文明正处在迅速发展的上升阶段，迫切要求开辟海外市场和原料供应地。西洋商品日渐输入中国，中国传统的民族服装受到了强烈的冲击。受欧洲现代文明的影响，中国的传统服装大大地简化了，同时中国社会中上层社会开始流行穿着西洋服装，形成崇尚“新式”“西式”的风气。在“五四”运动后，中山装风靡一时，表现了新时代中国男性的着装文化。

民国初年的女子，生活发生了根本性的变化，居住在大都市的摩登女子，受这种外来思潮的影响，纷纷走出闺房，奔向社会，到学校读书，投身于商业、手工业等。个性觉醒，自主自强自立的要求日益增长，她们开始走出家庭小天地，进入社会生活领域。由于从事职业的要求，这些女性的改装换容就成了必然之事。一些女学生，着白衫黑裙，头发是齐耳短发，打扮中有许多意气风发，不再是"大门不出、二门不迈、裹足不前"的形象。

新中国成立后，城市服装的款式发生了很大的变化。在解放初期的城市，受到解放军形象和苏联服装的影响，人们穿解放服、列宁装。当时的城市着装，一扫旧中国的半殖民地腐朽没落气息，体现了更多的来自解放区的意气风发的朝气。

改革开放后，中国实施了一系列解放思想发展经济的政策，当人们的思想从禁锢中被释放出来以后，焕发出了无限的生机和想象力。表现在着装上，20世纪80年代初期，曾经有"街上流行红裙子"的时尚和潮流。接着在社会上发生的服饰变化，令人目不暇接，花样翻新。人们的着装款式越来越多，色彩越来越新颖，真正出现了百花齐放的局面。改革开放30年后的今天，中国的服装潮流已经与国际接轨，同时又体现了民族特色。各种世界服装潮流的信息，都在中国出现并践行。中华民族的服装特色，各少数民族的服装特色，也在中华大地上广为传播。我们生活中的男女老幼，各行各业的从业人员，都在自己的服装上体现了时代性、民族性和国际性。

二、服饰的功能和传达的讯息

从古至今，服装的基本功能就是遮体、保温和装饰。服装能保护人体，维持人体的热平衡，以适应气候变化的影响。尤其是在寒冷的冬季，衣服的保温作用更加突出，如同飞禽的羽毛和走兽的毛皮，人类需要衣服保温。在热带地区，酷热的阳光和高温，对人的皮肤也会构成伤害，衣服也具有防紫外线和灼伤的作用。衣物的功能有保护身体来抵抗强烈的日晒、极度的高温与低温、冲撞、蚊虫、有毒化学物、武器、与粗糙物质的接触，抵抗任何可能会伤害未经保护的人体的东西。

人们会为了功能性与社会性理由而穿戴衣物。衣物能够保护身体，也可以传递社会信息给其他人。服装具有遮体的功能，这项服装的作用与人是高级动物有关。人类是世界上唯一有羞耻感的动物，这是人类自我意识觉醒和明确的一种表现，因此，人是有别于其他动物的高级动物。人类在发展进程中，逐步意识到了性别的差异，形成了羞耻观念。用服装来遮体，是一种含蓄、一种文明、一种文化。

服装的装饰作用表现在服装的美观性，满足人们精神上美的享受。影响美观性的主要因素是纺织品的质地、色彩、花纹图案、服装结构、服装款式等。

1. 服装的穿着与社会地位有关

在等级森严的社会形态中，地位高的人会将某些特别的衣物或饰品留给自己使用。只有罗马皇帝可以穿戴染成紫红色的服装；只有夏威夷酋长可以穿戴羽毛大衣与鲸齿雕刻品。在当代社会生活中，没有法律禁止地位低的人穿戴地位高的人的服装，然而那些服装的高价位很自然就限制了他人的购买与使用。在当代西方社会里，只有富人能够负担得起高级定制服装。

2. 服装与社会道德、政治、宗教有关

在世界上的许多地区，民族服装及其风格代表了某个人隶属于某个村庄、地位、宗教等等。基督教的黑色长袍，藏传佛教的红色长袍，都具有鲜明的宗教特色。苏格兰人的格子呢绒布料制成的衣服，犹太人的侧边发辫和男士的小帽，法国女士的夏奈尔时装，都诉说着文化与地位的差异。所以，深入观察，就会发现服装承载着许多政治经济文化的内涵。

作为个人的衣服着装，也表现出一个人的个性。衣物可以用来表现一个人对文化规范与主流价值观的尊崇程度以及个人的独立性。在19世纪的欧洲，一些艺术家、作家和知识分子中流行波希米亚式的生活方式，他们刻意穿着某些具有波希米亚风格的衣物来显示其观念，对当时的社会有一种震动作用。法国女作家乔治·桑，是当时的精英人物，她惊世骇俗地穿着男性的服装。女性解放运动者穿着短

灯笼裤，男性艺术家穿着丝绒马甲与艳丽的领巾，在当时都引起了社会广泛的关注。到了20世纪的西方，波希米亚族、披头士、嬉皮士、朋克族等年青人的群体，继续在着装和打扮上进行着反文化传统的尝试，都有愤世疾俗之举。而这些反传统的壮举，一方面，在当时起到了对世俗的挑战作用；另一方面，他们的着装中的一些要素，在以后的年代中也成为流行方式，在社会上广泛传播，成为时尚。

3. 服装与性别暗示有关

衣物会表现出穿衣者的端庄程度。有些衣物则可能产生性夸张的意味。比如说，一个西方女性可能会穿着极高的高跟鞋、紧身暴露的黑色或红色衣服，以夸张的化妆、华丽的珠宝以及香水来表达其性别暗示。到底什么样的衣物是端庄的？什么样的服装的性别暗示是恰如其分的？是一个值得探讨的问题。在每一个民族和地区的不同文化之间，在同一个文化的不同意识观念里，以及流行观念随着时代演变的起起落落，女性着装庄重的概念也是因地区因文化因流行时尚而变化着的。另外，在不同的场合，不同的工作性质中，不同的时代里，人们对庄重的理解也不尽相同。有一点是需要说明的，在公共场合，在工作状态中的女性，应该自尊自重自爱，在着装上亦应该有所体现。

当然，在着装的变化中，人们会选择性地在传统的内涵中加入时尚的因素，去表现出渐变渐进的讯息。

4. 服装与个性相关

一个人的个性张扬与否、性格内向还是外向、观念是开放还是保守，对其着装有重要影响。一个人的文化修养和对自己所从事的职业的理解，也会影响到其着装的品味。人们对服装的设计和选择，都会考虑上述因素。衣物、配件与饰品传达的社会信息包含了社会地位、职业、道德与宗教信仰、婚姻状态以及性别暗示等因素。我们需要懂得这些服装相关信息的编码与解码系统，以辨认出传递出来的信息。如果不同的团体对于同一件衣物或装饰解读出不同的涵义，那么穿衣者可能会引发出一些自己所没有预期到的反应，给自己带来不必要的麻烦。

第二章 西服着装与礼仪

一、西服的来历和款式

西服是一种"舶来文化"，这一点无可讳言。西服，顾名思义是西洋式的服装，它起源于欧洲。相传，那里的渔民因常年风里来浪里去，往返于海上，穿着领子敞开、纽扣少些的上衣比较方便，于是出现了现代西装上衣的雏形。同时，欧洲的马车夫为了驾驭方便，又在上装的后襟上开了衩，这就成了西装中的佼佼者——燕尾服的前身。今日的西装就是从那时的基础上提高、发展起来的，并逐渐增加了佩戴的领带或领结。西装在晚清时传入我国，被当时激进的青年作为接受新思想的一个象征。如今，西装已成为男女皆宜的国际性服装。现代的西服形成于 19 世纪中叶，但从其构成特点和穿着习惯上看，至少可追溯到 17 世纪后半叶的路易十四时代。西服也称西装，从广义上应指"西式的""欧美的服装"，但在我国，人们多把有翻领和驳头、三个衣兜、衣长在臀围线以下的上衣称作"西服"。这是我们对于来自西方的服装的称谓。

今天风行世界的西服，据说是法国贵族菲利普受到渔民和马车夫的着装启发，产生灵感而创造的。有一年秋天，天高气爽，满山的红叶像红地毯那样与湛蓝的天空媲美相映，年轻的子爵菲利普和好友们结伴而行。他们从巴黎出发，沿塞纳河逆流而上，再在卢瓦尔河里顺流而下，到了奎纳泽尔。奎纳泽尔是座海滨城市，这里居住着大批出海捕鱼的渔民。由于风光秀丽，这里还吸引了大批王公贵族前来度假，旅游业特别兴旺。来这里的人最醉心的一项娱乐是随渔民出海钓鱼。菲利普一行也乐于此道，来奎纳泽尔不久，他们便请渔夫驾船出港，到海上钓鱼。菲利普感到自己穿着繁琐的紧领多扣子的贵族服装很不方便，有时拉力过猛，甚至把扣子也挣脱了。可他看到渔民行动自如，于是，他仔细观察渔民穿的衣服，发现他们的衣服是敞领、少扣子的。这种样式的衣服，行动方便，海风吹拂着看起来非常潇洒。菲利普从渔夫的衣服那里得到了启发，回到巴黎后，找来裁缝，设计出既方便生活而又美观的服装。不久，一种时新的服装问世了，它与渔夫的服装相似，敞领、少扣，但比渔夫的衣服挺括，既便于行动，又保持了传统服装的庄重。新服装很快传遍了巴黎和整个法国，以后又流行到整个西方世界。它的样式与今天的西装基本上相似。

西服是菲利普和他的助手发明的，是时代和社会进步的产物，后来进行了几次较大的改进。现在的西服后襟往往是开衩的，这是一个名叫约翰的英国马车夫发明的。约翰是伦敦一家贵族的马车夫，他性格开朗，常喜欢开点玩笑，大家都很喜欢他。当时，贵族生活有很多讲究，出行时，马车夫都打扮得整齐漂亮，衣服是纯羊毛呢料缝制的西装，烫得笔挺，袖口还要缀上几道金丝边。当时马车夫的西装都是前襟短，后襟长大约 40 厘米，在马车上要挺直腰板，两眼正视前方，表现庄重威严。约翰感到这种服装上马下马时不方便，出门一次就得洗烫一次很繁琐。约翰设法改进衣服式样，想到若能让后襟分开，不是更方便了吗？他让妻子把自己衣服的后襟剪开，形成一衩。开衩后的西服穿着方便，坐着时不容易形成紧绷感和皱折，更加合体自然，被广泛接受。

西装袖口的纽扣的来历与一位德国普鲁士国王有关。普鲁士国王腓德烈二世，战功显赫，他曾率领一支训练有素的军队入侵西里西亚，征服弗里西亚，瓜分了波兰。他十分注意军容风纪，有一天，腓德烈二世举行阅兵式，发现士兵的袖口很脏，油迹闪闪。于是，他十分生气地训斥他们，责问士兵们为什么影响军威？他想出一个防止士兵用袖子擦汗的办法，在军服的袖口缝上几颗金属纽扣，以提醒士兵不能用袖子擦汗。普鲁士士兵军装袖口的金属纽扣，起了点缀作用，袖口再也不脏了。后来，老百姓看到军人袖口有扣子，显得美观大方，便纷纷仿效。

男士西服在不同国家有不同特点，它的款式可以分为欧式型、美式型、英式型三种。

欧式型通常讲究贴身合体，衬有很厚的垫肩，胸部做得较饱满，袖窿部位较高，肩头稍微上翘，翻领部位狭长，大多为两排扣形式，多采用质地厚实、深色全毛面料。

美式型讲究舒适，线条相对来说较为柔和，腰部适当地收缩，胸部也不过分收紧，符合人体的自然形态。肩部的垫衬不过于高，袖笼较低，呈自然肩型，显得精巧，一般以 2～3 粒扣单排为主，翻领的宽度也较为适中，对面料的选择范围也较广。

英式型的特点类似于欧式型，腰部较紧贴，符合人体自然曲线，肩部与胸部没有过于夸张，多在上衣后身片下摆处开两个衩。

西装给人留下优雅、端庄的印象，适宜于正式场合以及礼仪性活动。西服以其设计造型美观、线条简洁流畅、立体感强、适应性广泛等特点而越来越深受人们的青睐，几乎成为世界性通用的服装，可谓男女老少皆宜。

西服七分在做，三分在穿。西装的选择和搭配是很有讲究的。选择西装既要考虑颜色、尺码、价格、面料和做工，又不可忽视外形线条和比例。西装不一定必须料子讲究高档，但必须裁剪合体、整洁笔挺。一般选择色彩较暗、沉稳且无明显花纹图案的面料，面料高档些的单色西服套装，适用场合广、穿用时间长，利用率较高。

二、穿着男士西装应遵循的原则

第一，西服套装上下装颜色应一致。在搭配中，西装、衬衣、领带，其中应有两件为素色。

第二，穿西服套装必须穿皮鞋，皮鞋要与西服颜色搭配，最常见的西装皮鞋是黑色。便鞋、布鞋和旅游鞋都不合适。

第三，配西装的衬衣颜色应与西服颜色协调，不能是同一色。白色衬衣配各种颜色的西服，效果都不错。穿西服在正式庄重场合必须打领带，其他场合不一定要打领带。打领带时，衬衣领口的扣子必须扣好；不打领带时，衬衣领口的扣子应解开。

第四，西服的款式体现在衣服的扣子上，有单排、双排之分。纽扣扣法有讲究：双排扣西装应把扣子都扣好；单排扣西装中，一粒扣的，扣上端庄，敞开潇洒；两粒扣的，只扣上面一粒扣洋气、正统，只扣下面一粒牛气、流气，全扣上土气，都不扣(敞开)潇洒、帅气，全扣或只扣第二粒不合规范；三粒扣的，扣上面两粒或只扣中间一粒都合规范要求。

第五，西装的上衣口袋和裤子口袋不宜放太多东西。穿西装时，内衣不要穿太多，春秋季节只配一件衬衣为最好，冬季衬衣里面也不要穿棉毛衫，可在衬衣外面穿一件羊毛衫。穿得过分臃肿，会破坏西装的整体线条美。

第六，领带的颜色、图案应与西服相协调，与出席的活动气氛相吻合。系领带时，领带的长度以触及皮带扣为宜，领带夹戴在衬衣第四、五粒纽扣之间。

第七，西服袖口的商标牌应摘掉，否则不符合西服穿着规范，高雅场合会让人贻笑大方。

第八，注意西服的保养。西服是工作场合或社交场合的着装，不适合在家里穿着。在气温高的情况下，可以脱下西服只穿衬衣，要让西服保持挺括和平展的原貌。保养存放的方式，对西服的造型和穿用寿命的影响很大。高档西服要吊挂在通风处并常晾晒，注意防虫与防潮。有皱褶时可挂在浴后的浴室里，利用蒸汽使皱褶展开，然后再挂在通风处。

西装上衣下面的两个口袋，是不能放东西的。如果西装口袋中这边一盒香烟、那边一串钥匙，会影响西装的整体造型。

穿西装最重要的规则——三个三原则。第一，三色原则。穿西装的时候，全身的颜色不能多于三种，包括上衣、下衣、衬衫、领带、鞋子、袜子在内，全身颜色应该在三种之内，即三色原则。第二，三一定律。重要场合穿西装套装出席的时候，鞋子、腰带、公文包是一个颜色，而且首选黑色。第三，要防止穿西装的三个错误。第一个错误是袖子上的商标没拆，有画蛇添足之感；第二个错误是没有穿西装套装打领带，穿夹克、穿短袖衫打领带不够正式；第三个错误是袜子问题，重要场合白色的袜子和尼龙丝袜是不能与西装搭配的。

西装的种类较多，除了平时穿着的西服外，受到时间、地点的制约，还有夜礼服、日礼服、晨礼服、燕尾服。

男士的夜礼服，一般是黑色或近似黑色的蓝色无尾礼服，配上白色衬衫和黑色领带、领结以及黑皮鞋，有时候人们也在驳领头上的纽眼中插上鲜花。而夜间正式礼服是燕尾服，因上衣的后襟像燕尾形状而得名，并在胸前饰以红色或白色的石竹花。

男士的日礼服，包括黑色上衣、坎肩、黑色的条纹裤、白色衬衫、条纹领带，并配以白色小山羊皮手套、黑皮鞋等，还有与此相近的晨礼服。

三、女装西服和职业女装

女西服大致分为西服裙服套装、西服长裤套装、三件套。因为职业女性经常穿着女西装上岗上班，女西服又有一个称谓——职业女装。职业女装指从事办公室或其他白领行业工作的女性上班时的着装。这种着装的特点是正式、庄重、典雅，突出女性干练、利落、明快的工作状态。城市女性一般都有几套职业女装，不仅在工作时穿着，在出席正式场合时也可以穿着。职业女装款式，多以女西装套装和西装的变化形式出现，色彩素雅、款式简洁、面料优质、裁剪讲究为其一般特点。

职业女装中，多数为成衣，讲究品牌。正式的西服套裙，首先应注重面料，最佳面料是高品质的毛纺和亚麻，最佳的色彩是灰色、棕色、米色、黑色等单一色彩。职业套装应与衬衣相配，衬衣颜色应是白、棕、米、粉红等单色。衬衣的最佳面料是纯棉面料、丝绸制品，并应裁剪简洁，少带花边皱边，可有简洁的线条和格子图案。

女装西服套装在工作时穿着，色彩要避免过于艳丽。如淡红、明黄、深浅绿色，以及鲜红色、鲜橙色。这些女装西服在办公室出现过于张扬、刺眼，容易被人侧目而视。但艳丽的西服女装也有适合的场所，参加各种交际活动时可以穿着。国家领导人出访时夫人的着装，或者是重大外事活动中的女主人和宾客的着装，可以艳丽一些，给室外活动增加色彩和喜庆气氛。户外迎来送往活动中女士着装色彩鲜艳，可以突出身份，展示国家的开放形象。

女士出席正式场合适合穿职业女装，给人以精明、干练的感觉。女士穿着西装，首先要穿着合体，套装应能突出女性体型美，不要过于宽松或者过于紧绷。一般女西服应选择手感柔软、舒适、挺括、质地较好的纯毛面料。妇女穿西服也可以穿颜色搭配的套装。比如，穿浅色上衣配深色的裙子或裤子、马甲。裙子可根据季节变化配穿，这样可以给人以变化、新颖、稳重、潇洒感。

女士穿西服需要考虑年龄、体型、肤色、气质、职业等特点。年龄较大或较胖的女性可穿一般款式的西服，颜色可略深些；肤色较深的人不宜穿蓝、绿色或黑色的西服。女西服穿着还要注意服装与服饰的和谐。可选择领口带点缀或者色差的衬衫，里边穿高领毛衣时还可以佩戴精巧漂亮的领花。此外，还要注意皮鞋、皮包的式样、颜色与西服颜色的搭配，并辅以优美大方的发型。

职业女装和女士西装套装，是女性与男性平等享有社会权力的一种符号。穿上职业女装，女士便应该着力体现庄重和尊严，而不是风情和妩媚。女性在职场中穿着时髦、花样翻新的服饰，想以此吸引更多的目光，在某种程度上破坏了男女平等的观念。西服套裙作为职业制服具有一定的权威性。女士需要与男士相等的社会地位与形象，才有可能获得同等的业绩认可和薪资待遇。这不等于说要抹杀职场上的男女性别，在着装庄重的前提下，女性的穿着打扮应该比男士更灵活更有弹性，学会搭配衣服、鞋子、发型、首饰、化妆，使之完美和谐，给人赏心悦目之感。

职业场合着装有五大禁忌。第一，禁忌职场穿衣过分杂乱。有人穿一身很高档的套装或套裙职业装，但是头发不修饰、鞋子不配套，感觉不好。有的男同志穿西装搭配布鞋也不对。重要场合女士穿套装、套裙时要穿制式皮鞋。制式皮鞋，男的是指系带的黑皮鞋，女的是指黑色的高跟、半高跟的船形皮鞋。制式皮鞋是跟制服配套的。第二，忌讳职场衣着过分鲜艳，重要场合套装制服应尽量是单一色的，没有图案。领带可以是一色、条纹、点状，也不宜过分花哨，不庄重。第三，禁忌职场衣着过分暴露。时装可以低胸低腰无袖，工作时不能穿低腰低胸无袖装或露胸露腰露背装。第四，职场穿着不能过分透视。不能让人家透过外衣看到内衣，这是非常不礼貌的。第五，职场衣着不能过分紧身。在工作中穿着紧身衣是不合时宜的。

第三章 中式服装与礼仪

现代生活中，人们认识的唐装是相对西式服装和其他民族服装而言的，具有中华传统特点的服装的通称，是典型的中式服装。除唐装外，中华各民族大家庭中，还有许多少数民族服装，色彩艳丽、款式别致、各具特色、独特而新颖，也颇受各界欢迎。旗袍，是满族服装的代表作品，是最能体现女性线条的一种礼仪服装。中华民族的服装，是各民族融合形成的服装款式，区别于世界上其他国家和地区，有中国特色。穿着这些中式服装，也要讲究相关的礼仪。

一、唐装与礼仪

2001年，第九届亚太经合组织领导人会议在上海举行，世界著名国家元首和各国政要身着唐装在上海亮相。参加这次APEC会议的领导人，身着中方提供的特别服装——中式对襟唐装，依次步入会场。和以往各界会议一样，APEC会议的领导人服装由会议所在国提供。这样的机会，是显示各国民族特色服装的绝好机会。中方提供的唐装分外套和衬衫两件，外套有红、绿、蓝、咖啡、酒红五种颜色，面料是中国传统特色图案的织锦缎。布料的色泽和图案极具中国特色，彩色底上有圆形的金银亮色图案，“APEC”字样织入衬里。衬衫也是中式的，使用了本白色真丝双绉提花面料，女士为短袖，男士为长袖。男女外套的差别主要体现在领子上，女装领子下方有一个比较大的盘纽。面料都是精心特制的，手感舒软，质地挺括。唐装的布料款式都受到了领导人的称赞，也让全世界一睹了唐装的丰采，让更多的国人爱上唐装。

当时，中方提供给APEC各成员国领导人多种颜色的中装，供领导人自由选择。但最“受宠”的是宝蓝色，几乎有半数与会领导人选择了这一象征希望的色彩。包括美国总统布什、俄罗斯总统普京、印度尼西亚总统梅加瓦蒂、日本首相小泉纯一郎、巴布亚新几内亚总理莫劳塔、秘鲁总统托莱多、泰国总理他信、墨西哥总统福克斯等在内的领导人，都选择了蓝色。在蓝色之外，红色也是广受喜爱的色彩。中国国家主席江泽民作为东道主，自然是一身传统喜庆的大红；三位与会女领导人中的两位——新西兰总理克拉克、菲律宾总统阿罗约，也选择了红色。选择红色的还有中国香港特别行政区行政长官董建华、马来西亚总理马哈蒂尔、新加坡总理吴作栋等，他们大多钟爱色调略深的酒红色。

对于“唐装”，通常有两种解释：一是唐朝的服装；二是有中华特色的传统服装。从现在生活中人们的认识来看，“唐装”是相对西式服装和其他民族服装而言的，具有中华传统特点的服装的统称。现在大陆流行的唐装，是由清代末年的中式服装演变而来的，是当代服装设计师在此基础上融入现代元素设计完成的。

1. 唐朝的丝绸之路与“唐人街”

《明史·外国真腊传》言：“唐人者，诸番（外国人）呼华人之称也。凡海外诸国尽然。”在东南亚的华人居住区，被称为“唐人街”，华侨自称“唐人”。华人到欧美各国创业，他们的聚居地和商业街，也称为“唐人街”。在中华文明历史中，唐朝是被称为盛世的朝代，都城长安成为当时世界上最大的城市。有各国“遣唐使”到唐朝都城长安游历。唐朝也有使者沿丝绸之路经陆地和海上到世界各地去传播华夏文化和经商。

唐朝中央集权势力强盛,经济繁荣,对丝路上的西域和中亚的一些地区影响巨大,并建立了稳定而有效的统治秩序。西域小国林立的历史基本解除,丝绸之路更为畅通。不仅是阿拉伯的商人,印度也开始成为丝路东段上重要的一份子。往来于丝绸之路的人们也不再仅仅是商人,宗教信仰传播和文化交流的人们逐渐出现在丝绸之路上。通过丝绸之路,中国大量先进的技术通过各种方式传播到其他国家,并接纳相当数量的遣唐使及留学生来华访问学习,中华文明在全世界广为传播。同时,佛教等宗教在中国广泛传播,一时间唐朝的中外文化交流极盛于一时,长安成为世界文化中心。

丝路商贸活动首先带给人们物质上的富足,这些都是看得见、摸得着的;其次是不同的商品来源地域带给人们的精神差异的影响。当时,丝路商贸活动可谓奇货可点、令人眼花缭乱,所有此地没有的事物或者商品都可能从外地转运而来。从僧侣、艺人、歌舞伎到遣唐使,从丝绸皮毛到各种纺织材料,从植物的蔬菜瓜果到香料,从植物颜料到矿石颜料,从金银首饰到珠宝玉器,从各种矿石到众多金属,从家用器具到装饰器具,从各种兽骨到象牙牛角,从各种兵器武器到乐器,从印刷技术到书籍……几乎应有尽有。外来的工艺、宗教、风俗等等随着商贸活动进入到了丝绸之路上的沿途各国,其实例更是不胜枚举。这一切都成了唐朝和唐代人们值得自豪和炫耀的成就。在当时的政治经济背景下,相对而言,唐朝的财力和物力比周边国家强盛,也比中国历史上的其他一些朝代强盛。

唐朝是让中国人为之骄傲的朝代。所以,今天的海外有"唐人街",海外华人自称为"唐人",世界各国人民也称"中国人"为"唐人""汉人""华人"。

2. 唐装与各民族服装

现代的唐装,是由清代的马褂演变而来的,去掉了马褂的长袍部分,取其上装的部分,经过重新设计和装饰,形成今天唐装的基本款式。其款式结构有以下几个特点:一是矮短立领,上衣前中心开口;二是衣服前两片一般为对襟;三是对襟表面有直角扣,即盘扣,扣子由衣服布料制成的布纽结和纽袢两个部分组成;四是衣服的下摆两侧有开气小开衩,以方便运动和坐姿;五是面料的选择突出中国传统布料和图案,主要使用织锦缎面料,汉族传统图案设计,色泽鲜亮;六是有衣襟连袖剪裁,即袖子和衣服整体没有接缝,以平面裁剪为主,也有上袖剪裁方式。

"唐装"是中华传统特色服装,穿着唐装表明我们是中国人。中国国内有 56 个民族,各民族都有自己的特色服装,维吾尔族、朝鲜族、彝族、苗族、纳西族、白族、藏族、蒙古族等民族的服装各具特色。中国大多数少数民族都有自己的民族服饰,构成了中华民族大家庭五彩缤纷的服装特色。唐装是汉民族特色服装,也是中华民族服饰的重要组成部分。

在全世界范围内,国外各民族也都有自己的特色服装,俄罗斯、苏格兰、日耳曼、阿拉伯、土耳其、夏威夷、毛利等,这些民族都有自己独特的服装。民族服装都与各民族的历史直接相关,在各民族的历史发展中形成了自己的特色。民族服装凝聚着民族文化和历史,是一个民族的历史文化在服装上的表现形式。

改革开放 30 年后,中国经济发展令世界瞩目,中国的国际地位迅速提升。"唐装"的兴盛,是中华民族意识在服装领域的体现,是向世界传达中国整体形象的一种方式,是中国文明复兴的一种表达方式。"唐装"在世界舞台上亮相,带着明显的中华传统文化符号。"唐装"在国内兴盛,表达着一种民族自豪感和归属感的情绪。

"唐装"概念的内涵,时装界有多种表述,如"华服""中装"等。"唐装"的提法,并非真正意义上的唐代服装。真正唐代人穿的是长袍大袖的衣服,"长袍大袖"也是现代的人们对"古装"的模糊认识。从夏商周时期一直到明末,传统中国人的穿着主体款式是"交领右衽,隐扣系带,褒襟广袖,峨冠博带",其中,"褒襟广袖,峨冠博带"仅为礼服特征,而"交领右衽,隐扣系带"的特征则为礼服、常服所共有。也就是说,真正的唐装除了作为主体款式的礼服外,还有作为补充的"窄衣窄袖"的常服。

这些服装自唐以来就有"汉服"或"汉装"的正式称谓,意为"汉民族的传统服装"或"汉族的民族服装"。经历将近 4000 年,一直自成体系,一脉相承,并深远地影响了日本、朝鲜、韩国、越南等周边国家。其中,日本的"和服",几乎就是汉服中的深衣款式;朝鲜及韩国的"韩服",几乎就是汉服中的襦裙款式。

这些服装款式是汉服在这些国家的延续和传承。真正的“唐装”的“宽衣大袖”的礼服更适合于祭祀、成人礼等庄重场合，而其“窄衣窄袖”的常服则更适合于劳动耕作及日常场合。或许有一天，中国真的会流行“唐朝宽衣大袖的礼仪服装”，或是“交领右衽，隐扣系带”“窄衣窄袖”的常服。

穿着唐装与研习中华传统礼仪是一脉相承的事情。“唐装”本身就是中华传统文化的产物，中华传统礼仪是华夏大地上积累形成的待人接物的行为方式，两者的结合是顺理成章的。穿着长袍马褂，作揖行礼，自然而优雅；穿着唐装，行为端庄古雅，彬彬有礼，体现文明素养。

二、旗袍与礼仪

旗袍是中国特色女装，是女士穿着的一种合体束腰长衫。旗袍是由清朝满族妇女穿着的长袍改制而成。由于满族有八旗的族群分类，满族人又称为旗人，旗人的女子所穿的长袍，故称为旗袍。民国时期，中国妇女开始普遍穿着旗袍，旗袍是一种带有华夏传统风格的女士长衫。

旗袍服装款式特点比较突出：第一，旗袍从上到下遮蔽从脖子到脚腕的身体，整体感较强；第二，旗袍的领子是围绕脖子形成领口，立式领片不高不大；第三，衣襟开口从领子中间起始，沿续至衣身右侧开襟；第四，领口和开襟用布制纽扣和扣襻点缀连接；第五，旗袍的下摆有开衩或者大摆，方便行走或坐立；第六，旗袍一般采用身片与袖子连体剪裁的方式，不上袖；第七，旗袍袖口有宽有窄，袖子至手腕；第八，旗袍面料一般采用丝绸、织锦缎等面料，一般都有花卉图案，华丽或素雅；第九，旗袍的长度不一，长可达脚面，短也要过膝盖。

旗袍的服装特点，比较其他女性着装而言，有其自身的优势，因此，自诞生以来，广为流行，至今长盛不衰。旗袍的特点是：第一，整体感强，没有上衣下服的区别，上下一体，前后一致，立体美感较好；第二，能够体现女性体态特征，上衣合体或紧身，臀围以下尺寸放开，收放有度，显得身材修长；第三，旗袍的布料考究，面料有光泽感，色泽或艳丽或文雅，图案花卉精致，华丽而优雅；第四，旗袍的礼服特点突出，美观华丽修身，适合在交际场合穿着，能够体现华夏民族服装特点，表明着装者的国籍身份。

旗袍兴起于20世纪20年代，尤其兴盛于20世纪30年代的中国上海，以后一直在中国传统女式服装中占据重要地位。旗袍出现后，很快从发源地北京流行到当时的时尚都会上海，旗袍在上海得到了最充分的解读。三四十年代的上海，旗袍是风靡一时的女装。当时的上海小姐、贵妇人、交际花，热衷于奢华的社交生活并追赶时髦，她们穿着旗袍，带领着旗袍的流行风尚。那时的上海，崇尚海派的西式生活方式，出现了“改良旗袍”，从早期旗袍遮掩身体的曲线，改良为突出显现玲珑突兀的女性曲线美，使旗袍彻底摆脱了旧有模式，成为中国女性独具民族特色的时装之一。

当今中国，旗袍仍然是礼仪活动中最常见的女式服装，旗袍也是最能体现中国特色的女式服装。当代的旗袍，已经不同于满族民族服饰“旗服”。现代旗袍是在具有中国特色的基础上，融入现代服装审美的因素，采用新式剪裁方式的服装。近年来，旗袍热销，在婚庆场合、社交场合，女士穿着旗袍，美观大方得体，令人瞩目。在一些礼仪场合，迎宾小姐、礼仪小姐的旗袍已经向着制服化方面迈进。

旗袍的外观特征一般要求全部或部分具有以下特征：右衽大襟的开襟或半开襟形式，立领盘纽，摆侧开衩，单片衣料，衣身连袖的平面裁剪等。近代旗袍进入了立体造型时代，衣片上出现了省道，腰部更为合体，有的配上了西式的装袖，旗袍的衣长、袖长大大缩短，腰身也更为合体。

旧时代穿着旗袍，要配上手帕手绢、银镯耳环、头饰花冠，甚至是清代高跟鞋等。当代的人们，在出席社交活动时或者休闲时才穿着旗袍，一般很少穿着旗袍出现在工作场合，除非是礼仪小姐。当代中国，穿着旗袍出现在社交场合，就意味着你穿着的是礼服，一般是出席正式活动或者社交活动。为此，穿旗袍一般要化妆，要有简洁的头饰配合旗袍，要注意鞋子的搭配，可以穿绣花鞋或同色系的高跟鞋。穿着旗袍时，行走步履要轻盈敏捷，不能迟滞而笨拙，更不能昂首阔步；表情含蓄面带笑容，参与谈话有礼貌有分寸，随和而温婉。穿着旗袍参加社交活动的女士，一般随男伴或先生而行，举止不宜过分张扬。

第四章 不同国家的服饰礼仪

英国：英国人的穿衣模式受到世界许多人的推崇。尽管英国人讲究衣着，但十分节俭，一套衣服一般要穿十年八年之久。一个英国男子一般有两套深色衣服、两三条灰裤子。英国人的衣着已向多样化、舒适化发展，比较流行的有便装夹克、牛仔服。

法国：法国素有“时装王国”之称，巴黎更有“时装之都”的美誉。进入20世纪90年代，法国妇女装朴实风格走俏，素色衣裳尽领风骚；男人也特别注重穿着和仪表，出门前总要刮脸梳头，在外面总是衣冠整齐，令人赏心悦目。

美国：总体而言，美国人平时穿着打扮不太讲究。尊尚自然，偏爱宽松，讲究着装体现个性，是美国人穿着打扮的基本特征。在日常生活之中，美国人大多是宽衣大裤，素面朝天，爱穿T恤衫、牛仔装、运动装以及其他风格的休闲装。想要见到身穿礼服或套装的美国人，大约只有在音乐厅、宴会厅或者大公司的写字楼内，才比较容易。

比利时：比利时人在服饰上比较讲究。喜欢穿质地高贵、色彩柔和的服装，通常是西装笔挺，领带鲜艳。加之当地是各国游客和国际机构云集之处，所以服装款式各式各样、千变万化。在发式和首饰上，比利时人也很讲究。男子喜欢理较为标准的平头、分头和包头。女子花样更多，使人眼花缭乱。特别是当地的女子喜欢佩戴首饰，有的妇女浑身珠光宝气，以显示自己的雍容华贵。

西班牙：西班牙人在正式社交场合通常穿保守式样的西装，内穿白衬衫，打领带。他们喜欢黑色，因此一般穿黑色的皮鞋。西班牙妇女外出有戴耳环的习俗，否则会被视为没有穿衣服一般被人嘲笑。另外，西班牙有的地方的妇女喜欢将捕捉到的萤火虫用薄纱包起来。

波兰：波兰人喜爱有红色、黄色、蓝色条纹的布料，所有的色彩都配合得和谐美观。当地男子还常穿军服式服装，有的上面还饰有金色流苏。波兰妇女，已婚的要把头发塞进帽子里；未婚的则把头发梳成两条辫子，用缎带把辫梢系住，头上通常戴花环或系头巾。她们喜欢在颈上戴用珊瑚珠、玻璃珠或琥珀珠做成的项链。

俄罗斯：现在，俄罗斯人穿戴与欧洲流行的穿戴已无多大差别。男子多穿西服，戴呢帽；冬天则罩长外衣，戴皮帽。女子穿连衣裙、西服上衣或西服裙，秋冬两季戴呢帽或皮帽，罩长大衣；夏天系花头巾。

瑞士：瑞士人在正式社交场合一般穿西服，在日常生活中则穿各式各样朴素大方的服装。在瑞士人看来，青春本身就是美的，不穿红戴绿，也不化妆。

匈牙利：在正式社交场合，匈牙利人着装很注意整洁。男子多穿保守式样的西服，也有的穿双排扣西服；女子则多为裙子配上衣，也有的穿款式新颖的连衣裙。在平时，人们穿着较为随便，不少青年男女穿牛仔服，对衣服的颜色和衣料质量也不是很讲究。

希腊：希腊人十分注意着装整洁，尤其是中老年人，更讲究衣着端庄大方。在正式社交场合，男子通常穿深色西装，打领带或系领结。一般来说，希腊的中老年人平时外出都要打扮自己，老太太们十分喜欢穿各式颜色鲜艳的服装。

芬兰：芬兰人在上班时常穿保守式样的西装，在正式社交场合更注意衣着与自己的身份相称，通常是男装笔挺、女装华丽。在日常生活中，芬兰人爱好体育运动。当地的运动服式样很多，既有夹克式，也有蝙蝠衫式、握手口袋式，既有滑雪衫也有健身服和各式球衣。

罗马尼亚:罗马利亚的民族服装具有鲜明独特的艺术风格。服装常通过浓重的色彩对比和简洁的花边取得协调效果,款式多样。大部分地区的男子,都喜欢穿白色的裤子,有的长及小腿,裤脚塞进黑色长统靴里,有的脚上穿一双凉鞋。一到冬天,不论男女大多喜欢穿羊皮夹克。

挪威:挪威女子喜欢穿紧身上衣和裙子搭配的服装,有些地区的女子喜爱折叠式的超短裙。她们的头饰很简单,已婚的妇女把头发束起;未婚女子则戴一顶小帽或无边女帽,帽带系在下巴处,或在头发上扎根彩带。

葡萄牙:葡萄牙人在正式社交场合十分注意着装整洁,男子身穿深色西服,打领带或系蝴蝶结,很有风度;女子多穿华丽套服或连衣裙。在日常生活中,葡萄牙人在穿着上有着明显的职业和性别特点。男性青年职员喜欢穿宽松式西服;男大学生多穿运动衫,牛仔裤;女教师多穿套服。

捷克:捷克人在穿着上比较讲究,正式场合都是西装或长大衣,天气寒冷时还戴帽,围较长较宽的漂亮围巾,妇女爱穿具有传统风格的黑色或深红色裙。一旦结婚,男子就把羽毛从帽子上摘下来。

荷兰:大部分荷兰人的穿着打扮和欧洲大陆的其他国家大同小异。在正式社交场合,如参加集会、宴会,男子穿着都较庄重,女士衣着典雅秀丽。最富特色的是荷兰马根岛上居民的服饰,该岛女孩的衬衣都是红绿间隔的条子。

奥地利:奥地利男子平时着装随便,喜欢穿羊皮短裤或马裤,正式场合则穿西装。在山区,天气寒冷时,很多人穿着马裤和罗登尼料做的夹克。观看歌剧时着装特别端正,不穿便服和牛仔服之类的服装,而大多着高级礼服。节庆时,男子爱穿白色礼服,女子多穿红色衣裙。

德国:德国人不喜欢花哨的服装,但都很注重衣冠的整洁,穿西装一定要系领带。赴宴或到剧院看文艺演出时,男士经常穿深色礼服,女士则穿长裙,并略施粉黛。在东部地区,已婚者都带上金质戒指。

保加利亚:保加利亚人一般在穿戴上不十分讲究,他们的原则是简朴实惠。其经常穿着的服装是衬衫、短袖衫等,西服多在正规场合穿用。各地区的民族服装有一定差别,女子服饰有四种。保加利亚人在服饰上强调内外有别。在家主张随便一些,在外则要求庄重一些;在办公室或在街上行走时,一般要求穿外衣。

冰岛:冰岛气候寒冷,而且许多地方的气候无常,所以人们都喜欢穿大衣,普遍戴口罩、围围巾。会见外宾、参加舞会和宴会时,如果天气较为暖和,则身着传统的社交礼服或深色西装。妇女讲究着装和化妆艺术,喜欢穿名贵皮毛大衣,出入社交场合则要巧梳发式,并佩戴质料考究的头饰。

乌克兰:除在正式场合着西装或质料考究的大衣外,男子在一般场合都喜欢穿夹克衫或衬衫,女子喜欢扎花头巾,小姑娘爱扎漂亮的小辫,节日戴用鲜花和树枝编成的花冠。乌克兰妇女的传统服装大多呈流线型,样式很独特,一般只在紧身衬裙外罩一条羊毛短裙。大部分妇女外出时肩挂或手挂小挎包,佩戴耳环并化妆,但以化淡妆居多。

澳大利亚:男子多穿西服,打领带,在正式场合打黑色领结。达尔文服是流行于达尔文市的一种简便服装。妇女一年中的大部分时间穿裙子,在社交场合则套上西装上衣。无论男女都喜欢穿牛仔裤,他们认为穿牛仔裤方便。土著居民往往赤身裸体,或在腰间扎一条围巾。有些地方的土著人讲究些,把围巾披在身上。他们的装饰品丰富多彩。

南非:南非人的穿着打扮基本西化了。大凡正式场合,他们都讲究着装端庄、严谨。因此,进行官方交往或商务交往时,最好穿样式保守、色彩偏深的套装或裙装,不然会被对方视作失礼。此外,南非黑人通常还有穿着本民族服装的习惯。不同部族的黑人,在着装上往往会有自己不同的特色。

日本:日本是一个礼仪之邦,自然在穿着方面有许多讲究。例如日本的上班族通常都会穿着西装,既庄重又能给人以信任感。与上班相同,在出席一些重要场合之时,比如婚丧典礼、家长会、音乐会等,男士都会身着深色西服,女士则身穿礼服或和服。这里需注意一点,一般出席结婚典礼,需穿着黑色西装配白色领带或领结。另外,有些较为高级的西餐厅等场所,会规定必须着正装才能进入。因此,去之前最好先确认一下要去的餐厅对服装有没有特别要求,并加以准备。

第二篇

服饰搭配技巧

第一章

穿衣搭配技巧

第一节 体型与服饰的搭配

一、不同体型的服饰搭配技巧

体型指的是人体形状的总体描述和评定。体型一方面主要由遗传性决定；另一方面，包括人体对环境的适应和人的行为在内的后天影响，也使体型发生一定范围内的变化。

1．“X”型体型人

这种体型俗称“沙漏形”，又叫匀称的体型，尤其对女性来说，这是经典的理想的标准的体型。匀称是指身体各部分的长短粗细合乎一定的比例，易给人以协调和谐美感的体型，其特征是以细腰平稳上下身，胸与臀几近等宽。由于匀称性的体型是标准的体型，故这样的人体曲线优美，无论穿哪种款色的服饰都恰到好处，即使穿上最时新最大胆的时装，也能显得不出格，若穿着“X”款的服饰，会显得高贵典雅、仪态万千(图 2-1-1)。

图 2-1-1

2．“V”型体型人

对于男子来说，这是最标准最健美的体型。这种倒三角形的着装，可轻易地显示男士的潇洒健美风度。

然而，“V”型体型对于女性来说，并不是一个优美的体型。这种肩部宽、胸部过于丰满的体型，会使人显得矮些，上身有一种沉重感，所以大多数这种类型的女性都不太满意自己的形象，总希望通过着装来改变现状，使自己显得高一些、轻盈一些。为此，这类体型选择服饰时，上衣最好用暗灰色调或冷色调，使上身在视觉上显得小些，也可以利用饰物色彩强调来表现腰臀和腿，避免别人的注意力集中到上身，上衣不宜选择艳色、暖色或亮色，也不宜选择前胸部有绣花贴袋之类的色彩装饰(图 2-1-2)。

装扮要点：

(1) 这种体型，小巧的臀部让人羡慕不已，装扮时应尽量示人。

(2) 直筒牛仔裤不适合这种体型，可选择古典或细条纹图案的衣物。

(3) 铅笔裤和铅笔裙子也是相当不错的搭配选择，但尺寸应适合自己。

(4) 如果穿着者胸部较丰满，穿衬衫或夹克时，避免有口袋或翻领的设计。

(5) 这种体型穿齐肘短袖衣服的效果最佳,但穿无袖的衣服也不失为一种不错的选择。

图 2-1-2

3. "A"型体型人

这种体型俗称"梨子形",一般是小胸或胸部较平或乳部较上,窄肩,腰部较细,有的腹部突出,臀部过于丰满,大腿粗壮,下身重量相对集中,整体上使下部显得沉重。由于腹部肥大的关系,往往形成腰线提高,也就是变成上身较短。宽松的洋装和伞装是适合的衣着,目的是要避免对腰部的注意力。其次,上衣要宽松,长度以遮住臀部为宜,打褶的长裤配上宽松的上衣(图 2-1-3～图 2-1-6)。

装扮要点:

(1) 这种体型最好选择没有垫肩的服饰。

(2) 长裙、A 字裙、打褶裙可以掩饰扁平的臀部,是这种体型的较佳选择。

(3) 这种体型切忌选择贴身的裙、上衣或裤子。

(4) 选择宽松的款式,简单的线条比较适合"A"型体型人。

图 2-1-3

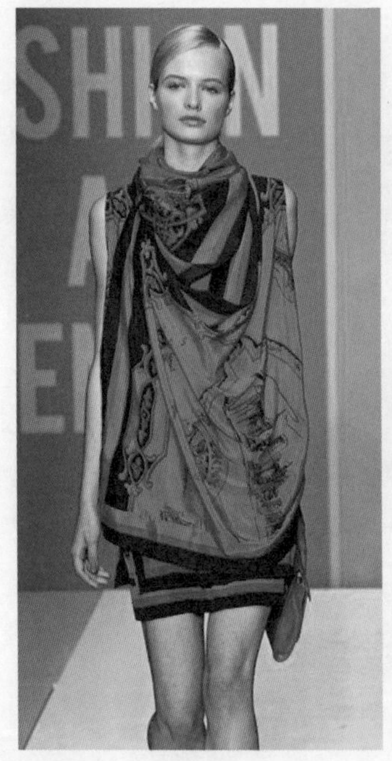

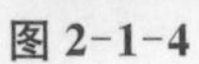
图 2-1-4

图 2-1-5

图 2-1-6

4. “H”型体型人

这种体型的特征是，上下一般粗，腰身线条起伏不明显，整体上缺少“三围”的曲线变化。着装可以通过颈围臀部和下摆线上的色彩细节来转移对腰线的注意；同时，也可采用色彩对比较强的直向条纹的连衣裙，再加一根深色宽皮带，由对比强烈的直向线条造成的视觉差与深色的宽皮带造成的凝聚感，能消除没有腰身的感觉，从而给人以轻盈之感(图 2-1-7，图 2-1-8)。

装扮要点：

（1）显露身体曲线的衣着会令整个体型纤细。

（2）为了展现身体轮廓，可从头到脚穿同一种颜色或色调的衣服。

（3）应避免穿紧身衣时戴颜色差异很大的帽子，就像字母“ｉ”。

（4）穿夹克时，夹克下摆如果包裹部分臀部，仍然会让你的身材吸引众多目光。因此，夹克下摆最好在臀围以下。流行的长西装就是很好的选择。

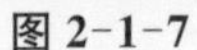

图 2-1-7

图 2-1-8

二、体型与服装款式搭配的法则

1. 修整弥补法

修整弥补法是运用服装款型修饰人体、塑造完美服饰形象的最为常见的一种方法。它是在了解穿着者的体型特征后，巧妙地应用服装外轮廓形、内轮廓形与服装局部造型，将人体不理想的部位进行修正弥补，然后利用视觉效应，达到美化与提升整体形象的效果。

2. 淡化转移法

淡化转移法是将人体某些不理想的部位进行淡化，然后运用其他装饰手段将视觉中心转移，进而达到美化形象的效果。

3. 烘托美化法

烘托美化法是指在进行服饰选择与搭配时尽量展示身体的优美部位，应用服装外轮廓型、内轮廓型与服装局部造型，将这个部位打造成视觉审美中心。

三、巧用服饰掩饰女性身材缺陷

1. 巧用服饰掩饰脸型缺陷

很少有人天生一副完美的脸型，聪明的女性知道如何用服饰来扬长避短。

(1) 三角形的脸

好像梨形，下颚宽大、上额狭小，穿V字型的领子看来脸型柔和些。

(2) 四方形的脸

这种脸型大多属于宽大型，给人很强的角度感，如穿圆形衣领，反而强调宽大的感觉。U字型领口可缓和这种脸型。方形而不显大的脸，很富有个性，应该强调个性美(图2-1-9)。

(3) 圆形的脸

显得宽大、饱满，宜增加长度感，减少圆的感觉。以V字型的领口缓和最为恰当。穿圆领口时，领口需大于脸型，脸型将显得较小。

图 2-1-9

(4) 长方形的脸

水平线有利于这种脸型。如船形领、方领、水平领，都适合(图2-1-10)。

(5) 菱形的脸

下颚、上额都偏狭小，利用刘海将上额遮住，而且两鬓要梳得较蓬松，就可增加上额的宽度，脸型便成为逆三角形，衣领的选择也就没有限制了。

图 2-1-10

2. 巧用服饰掩饰颈部缺陷

女性的颈部以粗细适中而稍长为美，这样使人显得挺拔、精神。如果你没有生就令人羡慕的美颈，不要泄气，下面的方法也许能让你同样美丽而别具风采：

（1）颈部过于细长的女性

选择立领、一字领、小圆领、翻领以及领口有大蝴蝶结、蕾丝花边、荷叶边缀饰的高领，短项链或颈圈可以分割颈部的长度，穿 V 字领或低领口衣服时，颈部应系丝巾或戴项链。头发长度过肩，避免把头发挽高成髻或剪短发，垂肩的长发可使上半身的线条看起来较柔和(图 2-1-11，图 2-1-12)。

图 2-1-11

图 2-1-12

（2）颈部肥短的女性

尽量不选择领深在锁骨以上的领子款式。应穿无领、敞领、翻领、低领口或 V 字领上装，再戴一条长项链，借以分散人们对颈部的注意力。领子的形式越简单越好，切忌在领口处装饰花边、蝴蝶结等任何使领口看起来复杂且庞大的装饰品(图 2-1-13，图 2-1-14)。

图 2-1-13

图 2-1-14

3. 巧用服饰掩饰胸部缺陷

(1) 胸部偏小的女性

应穿胸部带水平条纹和带翻领的上衣，在上衣门襟处及胸前多装饰荷叶边、蝴蝶结、蕾丝、口袋等。注意选择精致小巧的项链、胸饰、别针等，以增加分量感。此外，再选一件塑身效果明显的内衣(图 2-1-15，图 2-1-16)。

图 2-1-15

图 2-1-16

(2) 胸部过于丰满的女性

应选用设计简单、宽松合适的上装，不要穿过于贴身的毛织服装和真丝等易贴身的衣衫。避免穿高腰下装和束宽腰带，以使上身显得长一些(图 2-1-17，图 2-1-18)。

图 2-1-17

图 2-1-18

4. 巧用服饰掩饰肩部缺陷

(1) 肩膀狭窄(包括斜肩)

肩膀狭窄(包括斜肩)的女性可在肩部衬上垫肩。方形的海军领充满了立体感,也能很好地转移视线,掩饰狭窄的肩膀;穿戴披肩也是一个很好的构想;肩部有装饰设计、近似男性化的夹克款式,适合性格活泼的这类身材的女性。肩膀狭窄(包括斜肩)的女性不宜穿着无肩缝的毛衣或大衣,窄而深的V型领口的服装款式也不太合适(图2-1-19~图2-1-21)。

图 2-1-19

图 2-1-20

图 2-1-21

(2) 肩膀过宽

肩膀过宽者,肩部不要有任何装饰。无肩缝的针织上衣比较适合,最好选用V字领,可使肩部看起来窄一些。

5. 巧用服饰掩饰臀部缺陷

(1) 臀部肥大

臀部肥大者，可选用深色的西装裤或西装裙。不要穿浅色带光泽的面料做的裤装或裙装，困为其闪射的光会使臀部更加突出(图 2-1-22)。

图 2-1-22

(2) 臀部过小

臀部过小者，宜穿颜色浅、光泽亮、打褶的裤子。宽松、后面有口袋装饰的裤子，都可以起到掩饰臀部过小的作用(图 2-1-23～图 2-1-25)。

图 2-1-23

图 2-1-24

图 2-1-25

6. 巧用服饰掩饰腿部缺陷

（1）腿粗

一般来说，腿粗的女性不太适合穿紧身的裤子，因为它太容易暴露腿的缺陷。那么穿裙子呢？太短的裙子也不行，不要让腿部裸露太多。最好穿筒裙，长裙的效果也不错(图 2-1-26～图 2-1-28)。

图 2-1-26

图 2-1-27

图 2-1-28

（2）腿细

从比例上看，如果腿太细亦不适合穿紧身裙子，穿修长、挺括一点的裤子会比较漂亮。在色彩选择上，以偏向明亮、淡雅的色调为宜。穿上这样的长裤自然会显得双腿丰满许多。

（3）腿短

由于东方人的体型特点，下身肥短的人居多。如果腿短的人而腰比较细、臀围比较宽，最适合穿裙子，这样可以扬长避短。一般不适合穿裤子(特别是直筒裤)。或者穿可盖住臀线，而且不收腰身的上衣(图 2-1-29，图 2-1-30)。

图 2-1-29

图 2-1-30

(4) 踝关节太粗

脚腕部太粗的女性较适合穿高帮鞋或长靴，配以裙装，或者穿长裤把脚踝掩盖住。一般来说，不宜穿直接露出脚腕的裙装(图 2-1-31)。

(5) 腿型不直

不宜穿紧身裤，特别是短裤或迷你裙。可以穿宽松的长裤或裙裤，或长下摆的裙子等，以不露出腿型为准。另外，如果双腿不够纤长，上装要稍短，裤子也不宜太长，应比一般标准略短，以突出脚踝，这样可显得腿长。而内八字形或外 X 字形腿的人恰当地穿着喇叭裤或宽松裤，可以矫正形体。另外，还可以穿长裙、长风衣、大衣之类，只要衣长盖至小腿肚就好(图 2-1-32，图 2-1-33)。

图 2-1-31

图 2-1-32

图 2-1-33

7. 巧用服饰掩饰手臂缺陷

修润的手臂，拂起一缕柔情，风姿绰约的打扮，感受女性无限的魅力。但不是每人都有美丽的手臂，我们常需要一点刻意的考虑。

(1) 手臂太细

手臂太细的女士，袖长宜遮住腕关节，掩住瘦骨伶仃的感觉。匀称的有皱褶的袖子(褶子不要过于碎密)或喇叭袖会增添美感。同时，精致秀气的手镯也可以恰当地修饰细瘦的手臂。

(2) 手臂太粗

手臂太粗者宜选穿贴身的衣料、宽袖口、短袖长至上臂 3/4 的衣服，装饰性长披肩能遮住浑圆的肩臂，大型手镯可以平衡视觉。避免穿无袖、削肩、吊带装，紧绷手臂的袖子更有扩张感，袖长不及上臂的 3/4 会显出弱点，不要再用醒目手饰和腕饰引人注意(图 2-1-34)。

图 2-1-34

(3) 手臂较短

手臂较短者，衣袖不宜宽也不宜长，尽量将袖口边制作得狭些、短些。平时不妨将袖口卷起，这样可给人以手臂长的感觉(图 2-1-35，图 2-1-36)。

图 2-1-35

图 2-1-36

(4) 手臂较长

手臂较长者,袖子宜短且宽(图 2-1-37)。

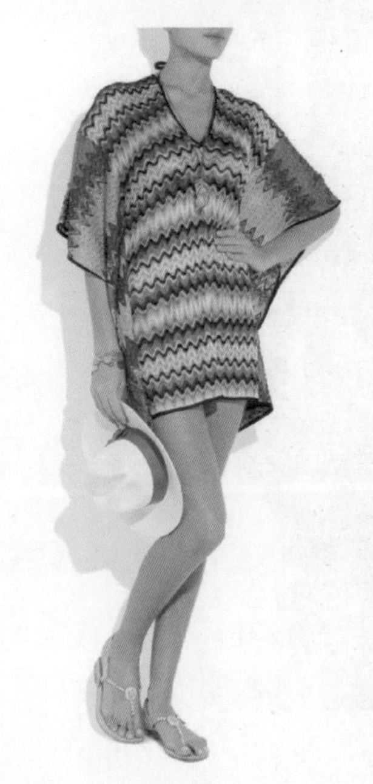

图 2-1-37

四、巧用服饰掩饰男性身材缺陷

1. 肩大臂小型

体态匀称,服装选择面较大(图 2-1-38,图 2-1-39)。

图 2-1-38

图 2-1-39

2. 肩臂相当型

可用深色和水平线元素来增加重量感(图 2-1-40)。

图 2-1-40

3. 肩小臂大型

多选择垂直线型的平整面料,皮带宜细(图 2-1-41,图 2-1-42)。

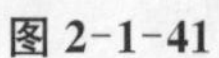

图 2-1-41

图 2-1-42

4. 身体肥胖型

可以选择带有垂直线型的款式,使视觉上有延伸感和狭窄感。面料纹样垂直、紧密细腻的织物是好的选择。避免款式上出现与肩部相对应的横线以及腰部宽松的式样。平整的肩部式样、V 型领和竖式的配饰安排,能在视觉上使重量轻一些(图 2-1-43)。

图 2-1-43

5. 短腿弯曲型

下装应比上装的颜色淡些，面料宜带有毛质感。整体着装上不宜向深调发展。在款式上，上装变化宜多些，视线可集中在上部，如加适量的配饰等(图 2-1-44)。

6. 腿短臂丰型

注意扣紧领部，增加些延伸感。多选择条纹、格纹上衣和细深皮带，可以转移别人的视线。同时，鞋类也应浅淡些(图 2-1-45)。

图 2-1-44

图 2-1-45

7. 脸大脖短型

如有双下巴或者下颚部分碰到衣领,可对衣领做调整,使它适合脖子。

8. 肩斜臂粗型

如果男士的肩部相对臂部来说太宽斜,就需要增加腰部的宽度,如选择带盖的口袋来增加宽度,避免宽翻领或船形领。如果肩部还有些斜,可用些垫肩。如手臂粗短,可使袖口长度比原先长些,并且减小袖口翻折宽度。臂上尽量不要有装饰物,会在视觉上显得长些。

9. 臀突背圆型

用背部带有中心开衩的服装弥补或利用柔软的外套盖住臀部,使背部到臀部看上去平顺些。对于圆背,最好选择有色彩、质地粗的织物。

10. 指短或瘦型

选择合适的戒指,或考虑配套戒指的数量,以衬托手指的美观。同时,需要保持手部的清洁和指甲的整齐。

第二节　服饰色彩搭配技巧

一、色彩的理论基础

1. 初识色彩

"美"在当今崇尚绽放个性的人文文化风潮中备受大众关注,而色彩之美的构成起到了至关重要的作用。

想知道自己穿什么颜色好看,先要学会辨别生活中的色彩,准确读出它的名字,分辨它的冷暖,了解它的属性。唯有正确掌握色彩知识,方能在多姿多彩的服装中,精确找到那些最能将你装扮漂亮的颜色,在变化莫测的流行色中选择适合自己的色彩。

彩色系的颜色具有三个基本属性:色相、纯度、明度。

色相:色彩的色相是色彩的最大特征,是指能够比较确切地表示某种颜色色别的名称。色彩的成分越多,色彩的色相越不鲜明。

纯度:色彩的纯度是指色彩的纯净程度。它表示颜色中所含有色成分的比例,比例愈大,色彩愈纯;比例愈小,则色彩的纯度也愈高。

明度:色彩的明度是指色彩的明亮程度。各种有色物体由于它们反射光量的区别就产生颜色的明暗强弱。色彩的明度有两种情况:一是同一色相不同明度;二是各种颜色的不同明度。

色相的对比:是指将两个或两个以上的不同色相的色彩并置在一起,所产生的色相差别对比。色相对比的强弱,决定于色彩在色相环上的位置,色相距离在15°以内的色彩搭配属同一色系的不同倾向,称为同类色对比。由于其色相十分近似,色调容易和谐统一,具有单纯、柔和、高雅、文静、朴实和融洽的效果。但同类色相的明度接近,因此色相之间太具共性,缺乏个性差异,对比效果单调,注目性弱。在色革鞋帮结构中,帮面与鞋帮口条革的色彩对比,有时采用不同色革,由于面积和形体及材质的不同产生双色效果。有的则采用同类色的弱对比,令人有微变又不刺目的感觉,获得既不保守又很含蓄的效果。

邻近色相对比的色相感,要比同类色相对比明显些、丰富些、活泼些,可稍稍弥补同类色相对比的不足,但不能保持统一、协调、单纯、雅致、柔和、耐看等优点。当各种类型的色相对比的色彩放在一起时,同类色相及邻近色相对比,均能保持其明确的色相倾向与统一的色相特征。这种效果则显得更鲜明、更完整、更容易被看见。这时,色调的冷暖特征及其感增效果就显得更有力量。

对比色相对比的色相感，要比邻近色相对比鲜明、强烈、饱满、丰富，容易使人兴奋激动，造成视觉以及精神的疲劳。它不容易单调，而容易产生杂乱和过分刺激，造成倾向性不强，缺乏鲜明的个性。互补色相对比的色相感，比对比色相对比更完整、更丰富、更强烈，更富有刺激性。对比色相对比也会觉得单调，不能适应视觉的全色相刺激的习惯要求。互补色相对比就能满足这一要求，但它的短处是不安定、不协调、过分刺激，有一种幼稚、原始和粗俗的感觉。要想把互补色相对比组织得倾向鲜明、统一与调和，配色技术的难度就更高了。

二、色彩的多重效果

1. 色彩的联想与象征

色彩可以表达丰富的情感效应。人的感觉器官是互相联系、互相作用的整体，任何一种感觉器官受到刺激以后，都会诱发其他感觉系统的反应，这种伴随感觉在心理学上又称为“共感觉”或“通感”。一定的色调不仅可以带来视觉上的感受，同时刺激人的各种感官产生多种情感感应，如触觉、味觉、听觉等多重感觉。

色彩的联想与象征，主要反映在日常生活的经验、习惯、环境等方面。地域、民族、年龄、性别的差异会导致对色彩的感情认识不同，但一般来说，色彩的感情联想是有共性的。色彩联想多次反复，几乎固定了它们专有的表情，于是就变成了该色的象征。

2. 主要色彩的心理分析

(1) 红色

红色的纯度高，注目性强，刺激作用大，人们称之为“火与血”的色彩，能增高血压，加速血液循环，对于人的心理产生巨大的鼓舞作用。

纯色的红：热情、活泼、热闹、艳丽、幸福、吉祥、革命、公正、喜气洋洋、引入注目、恐怖、疲劳。

加白的红：圆满、健康、温和、愉快、甜蜜、优美、幼稚、娇柔。

加黑的红：平稳、朴素、固执、枯萎、憔悴、烦恼、不安、独断。

加灰的红：低调、稳重、传统、烦闷、哀伤、忧郁、阴森、寂寞。

(2) 橙色

橙色的刺激作用虽然没有红色大，但它的视认性、注目性也很高，既有红色的热情又有黄色的光明、活泼的性格，是人们普遍喜爱的色彩。

纯色的橙：火焰、光明、温暖、华丽、甜蜜、冲动、食欲、嫉妒、疑惑。

加白的橙：细嫩、温馨、暖和、柔润、细心、轻巧、慈祥、幼儿、清淡。

加黑的橙：休闲、沉着、安定、茶香、复古、情深、老朽、悲观、拘谨。

加灰的橙：时尚、植物、天然、沙滩、故土、古香古色、低调、灰心。

(3) 黄色

黄色是最为光亮的色彩，在所有彩色的纯色中，其明度最高，给人以光明、迅速、活泼、轻快的感觉。它的明视度很高，注目性高，比较温和。

纯色的黄：明朗、快活、自信、希望、高贵、进取、警惕、注意、猜疑。

加白的黄：单薄、娇嫩、可爱、幼稚、无诚意。

加黑的黄：失望、多变、贫穷、粗俗、秘密。

加灰的黄：病态、消极、低贱、肮脏、陈旧。

(4) 黄绿色

黄绿色介于黄色和绿色中间，所以既有黄色明朗、快活、自信的性格，又有绿色草木、自然、新鲜的感觉。

纯色的黄绿色：幼芽、新鲜、春天、清香、纯真、无知。

加白的黄绿色：嫩苗、清脆、爽口、芳香、明快、食欲。

加黑的黄绿色：泡菜、酸菜、稳重、力量、忧愁、委屈。

加灰的黄绿色：温湿、俗气、迷惑、乡土、不新鲜、泄气。

(5) 绿色

绿色是中性色，是大自然及植物的色彩，明视度一般，刺激性适中，对人的生理作用和心理作用都极为温和，给人以宁静、休息、平衡、健康等感觉，因此人类非常喜爱绿色。

纯色的绿：草木、自然、新鲜、平静、安逸、春天、安慰、和平、安全、可靠、信任、公平、理智、理想、纯朴、平凡、中庸、卑贱。

加白的绿：爽快、清淡、宁静、舒畅、轻浮。

加黑的绿：安稳、久远、沉默、自私、刻苦。

加灰的绿：休闲、自然、湿气、倒霉、腐朽。

(6) 蓝色

蓝色是冷色，给人冷静、智慧、深远的感觉，注目性和视认性都不太高，但在自然界如天空、海洋均为蓝色，所占面积相当大，给人感觉比较强烈(图 2-1-46)。

纯色的蓝：天空、海洋、太空、寒冷、遥远、无限、永恒、透明、沉静、理智，高深、沉思、简朴、冷酷、忧郁、无聊。

加白的蓝：清淡、洁净、聪明、伶俐、高雅、轻柔。

加黑的蓝：奥秘、沉重、信赖、理智、悲观、孤僻。

加灰的蓝：休闲、低调、朴素、粗俗、笨拙、沮丧。

图 2-1-46

(7) 紫色

紫色既有红色热情、刺激的特征，又有蓝色冷静、平和的性格，有时给人暧昧的感觉，因与夜空、阴影相联系，所以富有神秘感。紫色给人以高贵、时尚、庄严等感觉，但易引起心理上的忧郁和不安，女性比较喜欢紫色(图 2-1-47)。

纯色的紫：优美、高雅、华贵、娇媚，温柔、昂贵、自傲、梦幻、魅力、虔诚、舞厅、咖啡厅。
加白的紫：女性化、优雅、含蓄、清秀、娇气、羞涩。
加黑的紫：深沉、含蓄、生硬、渴望、虚伪、自卑。
加灰的紫：沉稳、和谐、中性、腐烂、衰老、回忆、矛盾。

图 2-1-47

(8) 白色
白色属于无彩色，明度最高，明视度及注目性都相当高，与所有颜色搭配都能取得很好的视觉效果。
白色的心理特性：爱情、纯洁、明快、神圣、清白、真理、朴素、正义感、光明、失败(图 2-1-48)。

图 2-1-48

(9) 黑色

黑色属于无彩色，明度最低，给人以温暖的感觉。黑色是一个很特殊的色，是消极色，本身无刺激性，可与其他色彩配合，能增加刺激感，往往会取得很好的配色效果(图 2-1-49)。

黑色的心理特性：刚正、严肃、力量、沉着、坚硬、黑暗、葬礼、死亡、恐怖、罪恶、沉默、绝望、悲哀。

图 2-1-49

(10) 灰色

灰色属于无彩色，也是没有纯度的中性色，完全是一种被动性的色，也是最值得重视的色。它的视认性、注目性都很低。但与其他色彩配合，可取得很好的视觉效果(图 2-1-50～图 2-1-52)。

灰色的心理特性：高级、低调、谦虚、平凡、阴天、灰尘、浓雾、无聊、消极、颓丧、随便、顺服、中庸。

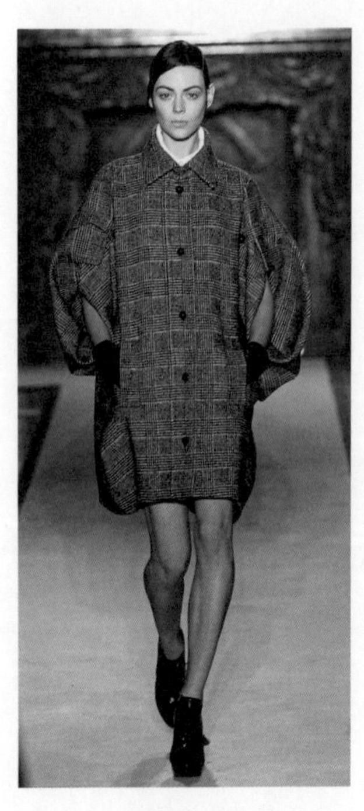

图 2-1-50

图 2-1-51

图 2-1-52

三、穿衣用色基本法则

(1) 在服饰的整体搭配中,色彩切忌种类过多,一般3～5种最为合适。

(2) 在几种色彩的搭配中掌握主色、辅助色、点缀色的用法。主色是占据全身色彩面积最多的颜色,占全身面积的60%以上。辅助色是与主色搭配的颜色,占全身面积的40%左右。点缀色一般只占全身面积的5%～15%。

(3) 在整体服饰色彩搭配中,要选择一种主要的冷色调或暖色调作为全身色调的选择,几种色彩的冷暖要一致。

(4) 在服饰色彩的层次上,也要注意选择适合的明暗色调。过于单一的明暗色调容易产生平面、呆板的感觉,通过不同面积和层次的明暗对比,可以让整体服饰造型产生丰富的变化空间(图2-1-53)。

图 2-1-53

四、服饰色彩搭配建议

如图2-1-54～图2-1-58所示。

图 2-1-54　白色服装的搭配

图 2-1-55　蓝色服装的搭配

图 2-1-56　褐色服装的搭配

图 2-1-57　米色服装的搭配

图 2-1-58　黑色服装的搭配

1. 常用配色方法及视觉效果

(1) 相邻色搭配

指两个比较接近的颜色相配。如红色与橙红或紫红相配，黄色与草绿色或橙黄色相配等。不是每个人穿绿色都能穿得好看的，绿色和嫩黄的搭配，给人一种很春天的感觉，整体感觉非常素雅，安静淑女味道不经意间流露出来(图 2-1-59～图 2-1-64)。

图 2-1-59

图 2-1-60

图 2-1-61

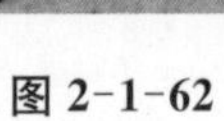
图 2-1-62

图 2-1-63

图 2-1-64

(2) 同色系搭配

所谓的同色系,就是相同颜色的深浅变化。例如:桃红色、粉红色、紫红色,是红色系,黄绿色、草绿色、橄榄绿,是绿色系。若采取全身穿着同色系色彩"深深浅浅"的搭配方式,比如青配天蓝、墨绿配浅绿、咖啡配米色、深红配浅红等,显得柔和文雅,可以让整体造型呈现出活泼又协调的美感(图 2-1-65~图 2-1-68)。

图 2-1-65

图 2-1-66

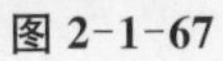
图 2-1-67

图 2-1-68

(3) 对比色搭配

A. 强烈色配合

指两个相隔较远的颜色相配。如黄色与紫色，红色与青绿色。这种配色比较强烈，日常生活中，我们常看到的是黑、白、灰与其他颜色的搭配。黑、白、灰为无色系，所以，无论它们与哪种颜色搭配，都不会出现大的问题。黑色与黄色是最亮眼的搭配；红色和黑色的搭配，非常之隆重，又不失韵味。一般来说，如果同一个色与白色搭配时，会显得明亮；与黑色搭配时就显得昏暗(图 2-1-69～图 2-1-71)。

图 2-1-69

图 2-1-70

图 2-1-71

B. 补色配合

指两个相对的颜色的配合。例如红与绿、青与橙、黑与白等。补色相配能形成鲜明的对比，有时会收到意想不到的效果(图 2-1-72～图 2-1-76)。

图 2-1-72

图 2-1-73

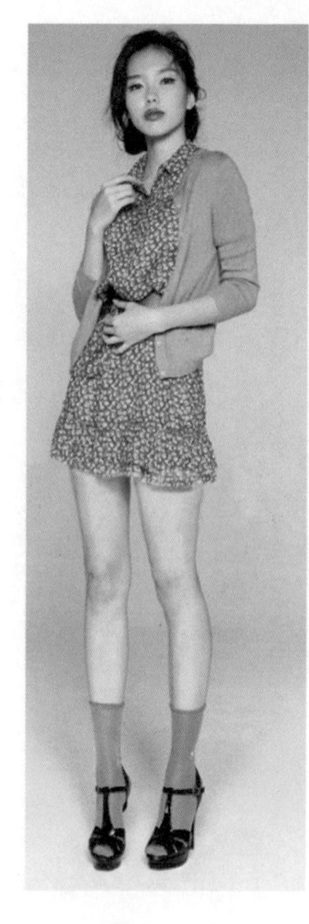

图 2-1-74

图 2-1-75

图 2-1-76

2. 服色场合协调法

一个人的衣服颜色必须与周围环境与气氛相吻合、协调，才能显示其魅力。参加野外活动或体育比赛时，服装的颜色应鲜艳一点，给人以热烈、振奋的美感。参加正规会议或业务谈判时，服装的颜色则以庄重、素雅的色调为佳，可显得精明能干而又不失稳重、矜持，与周围工作环境和气氛相适应。居家休闲时，服装的颜色可以轻松活泼一些，式样则宽大随便些，可增加家庭的温馨感(图 2-1-77，图 2-1-78)。

图 2-1-77

图 2-1-78

3. 服色季节协调法

服装的色彩应与季节协调：

春天：穿明快的色彩，如黄色、粉红色、豆绿色、浅绿色等。

夏天：以素色为基调，给人以凉爽感，如蓝色、浅灰色、白色、玉色、淡粉红等。

秋天：穿中性色彩，如金黄色、翠绿色、米色等。

冬天：穿深沉的色彩，如黑色、藏青色、古铜色、深灰色等。

4. 服色体型协调法

体型肥胖者：宜穿墨绿、深蓝、深黑等深色系列的服装，因为冷色和明度低的色彩有收缩感。颜色不宜过多，一般不要超过三种颜色。线条宜简洁，最好是细长的直条纹衣服。

体型瘦小者：宜穿红色、黄色、橙色等暖色调的衣服，因为暖色和明度高的色彩有膨胀的感觉。不宜穿深色或竖条图案的衣服，也不宜穿大红大绿等冷暖对比强烈的服装。

5. 服色性格协调法

不同性格的人选择服装时应注意性格与色彩的协调。沉静内向者宜选用素净清淡的颜色，以吻合其文静、淡泊的心境；活泼好动者，特别是年轻姑娘，宜选择颜色鲜艳或对比强烈的服装，以体现青春的朝气。有时，有意识地变换一下色彩有扬长避短之效。例如：过分好动的女性，可借助蓝色调或茶色调的服饰来增添文静的气质；而性格内向、沉默寡言、不善社交的女性，可试穿粉色、浅色调的服装，以增加活泼、亲切的韵味，而明度太低的深色服装会加重其沉重与不可亲近之感。

第三节 流行元素在服饰造型中的搭配技巧

一、流行的产生与特征

1. 流行的定义

图 2-1-79

流行是一种客观存在的社会现象。流行即流动与风行，泛指在一定的时间、一定的空间范围内，为一定数量的人群所接受、认同并互相模仿、追随的新生事物。它反映了人们在日常生活中某一时期内共同、一致的志趣和爱好，具有迅速传播而盛行一时的特点。它不仅反映了相当数量的人的意愿和需求，还体现了一个时代的精神风貌、生活方式、价值观念、情感生活及政治与经济（图 2-1-79）。

2. 流行的过程

流行的萌芽状态：

著名设计师的品牌发布会；

流行的形成阶段：

艺术性向商业性的转化、发展；

流行的盛行阶段：

为社会上多数人所接受，并批量生产；

流行的衰退阶段：

失去了新鲜感和时髦感。

3. 流行的特征

流行又称时尚，是一种外表行为模式的崇尚方式，具有新奇性、相互追随仿效及短暂性。所以，流行具有：

（1）时效性——流行是在一定时间和空间范围内被大多数消费者接受并形成的一股潮流现象，因此流行具有很强的时间性。流行联系着一定的时空观念。

（2）周期性—— 流行具有周期性。循环往复、周而复始是事物发展的一般基本规律。周期循环间隔时间的长短在于它的变化内涵，凡是质变的间隔时间长；凡是量变的间隔时间短。质变是指一种设计格调的循环变迁，一种服饰的款式可能会变，但风格不变，若干年后它又会以一种新的面貌出现。

（3）文化性——这种魅力就是某一类服饰的风格和设计理念。它不仅浓缩了人们的生活方式，也反映出不同的着装风貌，显示出人们的生活水平、消费观念以及个人的人生理想和人文素质。

（4）创新性——对流行的把握关键在于密切观察时代的脉搏，要从昔日的流行当中，或从经典作品，或从当代设计大师，或从新出现的生活方式里，寻找灵感来源，并从中发现新的形式、新的比例、新的材质、新的组合方式以及新的设计灵感。

4. 服饰流行的规律

（1）竞进反转的规律

流行总是朝着有特色的方向竞争发展，如"长"会在流行中变得更长，"宽"会变得更宽。最后产生反感，继而终结这种流行，开始另一种新颖的、合理的流行。

（2）速度递增的规律

服饰流行变化的速度是递增的。

19 世纪时期每 30～50 年变化一次；

20 世纪前期每 20 年变化一次；

20 世纪 70 年代后每 10 年变化一次；

20 世纪 90 年代每 3 年变化一次；

21 世纪，网络时代来临，流行变化的速度更快。

(3) 循环往复的规律

夏奈尔说过，设计师并不需要不断地创新，只需要在“合适的时候拿出合适的款式”。

服饰的循环不是简单的重复，更确切地说是一种螺旋上升。每一次旧款的回潮都会反映出因时代的变化而产生的创新。如色彩再现而面料质地的变化，款式相似但搭配手法不同。打开服装史，我们会发现，其实很多款式在历史上早就出现过、流行过。

(4) 系列分化的规律

系列分化的规律即从一个母体出发，分化成若干子型。

如东方风的流行分化出中式礼服、中式职业套装、中式休闲装。由系列分化引伸出去，可以有用途分化、材料分化、年龄分化、品质分化等。

掌握这种规律，可在发挥母体特点的基础上，结合不同的市场定位，设计出一系列的适销对路的流行服饰。

(5) 逆行变化的规律

逆行变化的规律是指服饰流行到一定阶段，会向其相反方向发展的规律(钟摆式运动规律)。这是由于人的喜新厌旧心理造成的。

A. 服饰风格的逆行变化：

传统风格——前卫风格

女性化风格——中性化风格

繁琐风格——简约风格

田园风格——都市风格

B. 款式造型上的逆行变化：

裙摆的长——短

腰节线的高——低

款型宽松——款型紧窄

C. 色彩上的逆行变化：

明——暗

鲜明、明快——柔和、中性

D. 材料上的逆行变化：

朴素——华丽

轻薄——丰厚

流行一般来讲越是夸张的款式，流行的周期就越短；越是简洁的款式，流行的周期就越长。经济繁荣，消费水平高，服饰的更新速度就快，周期就短；经济危机时，消费水平低，服饰的更新速度就慢，周期就长。

二、服饰流行元素在搭配中的应用

1. 服饰流行元素

(1) 外轮廓

服装的廓型最敏感地反映着流行的特征，它是时代服装风貌的体现。轮廓线的变化十分明朗地反映或传递着流行信息和流行趋势。

(2) 材料

材料是服装的载体,是先于服装反映流行信息的。服装材料流行主要是面料、色彩、肌理、纹样的流行。尤其是服装发展到今天,很多的廓型、款式已经出现过,新意更多的体现在材料上。

(3) 色彩

色彩在服装中的主导地位贯穿于市场始终,它着重于色彩的强度与意境的表达。流行色也是通过专门的机构发布的,每一年色彩的倾向性是不同的。

(4) 结构造型

结构的细微处理,可以体现出流行的特征,因此,结构有流行和非流行之分。时代文化的特征会反映在服装结构上,或紧身或宽松,跟随社会时尚而变化。

(5) 细节与工艺

在每一个流行季节,服装都有不同的细节,细节能反映出流行的特点,也是商业促销的卖点。

2. 流行趋势预测

针对"流行"而言,其本质是多变的,永远处在不断运动之中。对它的运动过程的观察、分析和研究,以及对它未来的演变和估计,叫作流行趋势预测。把流行趋势预测成果通过传播媒介向大众公布,就是发布流行趋势(图 2-1-80,图 2-1-81)。

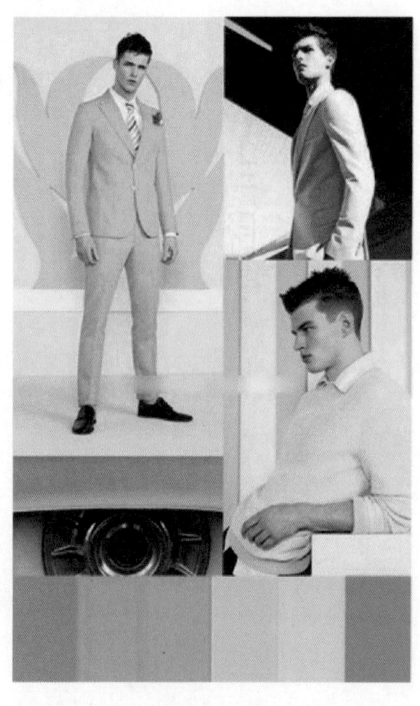

图 2-1-80

图 2-1-81

3. 流行元素的对应选择

我们从每个流行季收集到许许多多来自各种渠道的流行信息,来自专家、市场等等巨大的信息量会使人们无从选择,造成信息恐慌。这就要求我们具备很强的信息处理能力,要善于在浩如烟海的信息中提炼最基本的流行元素并加以利用。

三、流行与个性的结合原则

个性中体现着流行有三层境界:第一层是和谐,第二层是美感,第三层是个性。

1. 穿着和谐

服饰的流行是没有尽头的，无数的服装设计师在日复一日地制造时尚，新的流行没有穷尽。不要太注重品牌，这样往往会让你忽视内在的东西。一些基本的服饰是你衣柜中必不可少的搭配单品，比如及膝裙、粗花呢宽腿长裤、白衬衫……这些都是“衣坛长青树”，历久弥新，哪怕10年也不会过时。这些衣物是你衣橱的“镇箱之宝”，不仅穿起来好看，穿着时间也长，绝对值得。拥有了一批这样的基本服饰，每年、每季只要根据时尚风向，适当选购一些流行服饰来搭配，就不会太显沉闷。

2. 体验美感

衣服可以给予女人很多种线条，其中最美的依旧是X型，衬托出女性苗条、修长的身段，女人味十足。应该多花时间和精力在服装的搭配上，不仅能让你以有限的服装搭配出无限的造型，而且还锻炼自己的审美品味。服饰在整体美的观念上追求的是意境美。

3. 逐步建立自己的着装风格，客观对待流行

能够给今天的我们留下深刻印象的穿衣高手，不论是设计师还是名人，其原因只有一个——他们创造了自己的风格。你喜欢索菲亚·罗兰身着丝质套裙的感性，杰奎琳在太阳眼镜后的典雅，还是赫本在黑色连身裙中的优雅？一个人不能妄谈拥有自己的一套美学，但应该有自己的审美倾向。要做到这一点，就不能被千变万化的潮流所左右，而应该在自己所欣赏的审美基调中，加入当时的时尚元素，融合成个人品位。比如，如果你只喜欢裙子的淑女感，也不必排斥宽腿长裤、九分裤等同样能传递出优雅感觉的裤装。融合了个人的气质、涵养、风格的穿着会体现出个性，而个性是最高境界的穿衣之道(图2-1-82)。

图2-1-82

第四节　不同场合的搭配技巧

一、服装搭配中的TPO原则

时间原则(TIME)：选择服饰应考虑时代性、季节性、早晚性。

地点原则(PLACE)：选择服饰应适合将要到达的环境与地点。

场合原则(OCCASION)：选择服饰应与特定场合的气氛和规格相协调。

注意要点：

(1) 穿着要和年龄协调。

(2) 穿着要和形体条件协调。

(3) 穿着要和职业协调。

(4) 穿着要和环境协调。

二、职场、面试着装的搭配技巧

1. 根据职业选择面试装

“能力是第一位的，其他的全都是次要”，这句话只说对了一半。西方学者雅波特教授认为，在人与

人的互动行为中，别人对你的观感只有7%是注意你的谈话内容，有40%是观察你的表达方式和沟通技巧(如态度、语气、形体语言等)，但有53%是判断你的外表是否和你的表现相称，也就是你看起来像不像你所表现出来的那个样子。因此，没有一个人力资源部经理会对一个装扮邋遢不得体的应聘者心生好感，他考虑更多的是，你可能并不重视这次面试和这家公司，或者，一个对自己很马虎的人，怎么可能认真对待我交付给他的工作呢？踏入职场之后，那些慵懒随意的学生形象或者娇娇女般的梦幻风格都要主动回避。随着年龄的增加、职位的改变，你的穿着打扮应该与之相称。记住，衣着是你的第一张名片。

2. 职场四大普遍服装类型

见表2-1-1和表2-1-2。

表2-1-1 职场四大普遍服装类型

正式套装类	专业外套类	亲和得体类	休闲放松类
严谨套装(裙或裤) 低跟包鞋 中规中矩的配件	挺括外套 专业中透轻松 精致简洁的配件	非挺括外套 轻松不失专业 舒适简洁的配件	无外套 休闲放松感 舒适放松的配件

严谨套装正式套装类服装(图2-1-83～图2-1-85)：

图2-1-83

图2-1-84

图2-1-85

挺括分体套装专业外套类服装(图2-1-86～图2-1-88)：

图 2-1-86

图 2-1-87

图 2-1-88

非挺括外套亲和得体类服装(图 2-1-89,图 2-1-90):

图 2-1-89

图 2-1-90

无外套休闲放松类服装(图 2-1-91～图 2-1-93)：

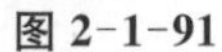

图 2-1-91

图 2-1-92

图 2-1-93

表 2-1-2　行业/职业穿着总体分类

行业/职业类型	行业/职业名称	行业/职业形象
传统类	政治、法律、金融、保险、销售、高端酒店服务业、大型国有企业等	严谨、保守、正统、诚实、可靠、稳重、信任、专业
亲和类	教育、科技、电子、制造、医疗等	亲和、专业、端庄、可靠、自然、热情、
个性类	广告、设计、传媒、娱乐、艺术、时尚、建筑、出版等	个性、专业、创意、时尚、活力、热情、新鲜
统一/制服类	航空、交通、军队、特定政府机构(警察、海关、税务等)	权威、专业、严谨、稳重、可靠、信赖

3. 女性职场最受欢迎的四种着装风格

(1) 庄重大方型

适合教育、文化、咨询、信息和医疗卫生等工作的职业女性。

衬衫款式以简单为宜,与套装配衬,可以选择白色、淡粉色、格子线条等变化款的衬衫。着装整体色彩上,可以考虑灰色、深蓝、黑色、米色等较沉稳的色系,给人留下干练、有朝气、充满亲和力与感染力的印象(图 2-1-94)。

(2) 成熟含蓄型

适合保险、证券、律师、公司主管、公共事业和公务员。

这类职业女性着装的原则是专业形象第一,女性气质其次,在专业及女性两种角色里取得平衡。西服和西裤的搭配,显得成熟稳重、帅气潇洒、自由豪迈。连衣裙适合身材窈窕的女性。常见的连衣裙款

图 2-1-94

式类似套裙，长度或长或短，没有太多的限制。优雅利落的套装，给人的印象是井然有序。至于颜色，当然还是以白、黑、褐、海蓝、灰色等基本色系为主。若嫌色彩过于单调，不妨扎条领巾，或在套装内穿件亮眼质轻的上衣(图 2-1-95)。

(3) 素雅端庄型

适合科研、银行、商业、贸易、医药等职业。

这类职业女性的穿着除了因地制宜、符合身份、清洁、舒适外，还须以不影响工作效率为原则，才能适当地展现女性的气质与风度(图 2-1-96)。

图 2-1-95

图 2-1-96

(4) 清纯秀丽型

适合网络、计算机、公关、记者、娱乐职业。

虽然办公室里不需要风情万种，但女人聪明的天性以及对美丽的极度敏感，使她们能够轻而易举地将流行元素融进枯燥沉闷的上班服饰中。时尚无需复杂，一双华丽斑斓的凉鞋、一个绣有花朵的包，都可成为将职业装穿出流行感觉的点睛之作，职业形象也能带出甜蜜的感觉(图 2-1-97，图 2-1-98)。

图 2-1-97

图 2-1-98

4. 男性面试着装

穿戴上建议以简单的款式与舒适的面料为主，因为领导希望看到的你是一个清爽干练的智者，而不是华丽花哨的模特。

色彩：选择白色衬衫，给人的印象做事稳重，不求突破，但求顺利。而蓝色是一种沉静、稳定的颜色，象征着深远、稳重。为了更适合亚洲人的肤色，冷静、智慧的深蓝色会是上上之选。其次，灰色或者银灰色都能体现整洁、柔和、雅致，它们能产生平易近人、文雅的效果。

面料：职业装的休闲化主要体现在面料选择上。优质的纯棉面料能保持你一整天的舒适。尤其在初春时节，它既呵护了敏感的皮肤，又具备手感柔软、吸水透气、无静电反应、无起毛现象等众多优点。

面试中要避免的服饰：

(1) 脏皮鞋：皮鞋是最能展现一个人精神面貌的单品。虽然旧却保养得好的干净皮鞋也胜过肮脏的新皮鞋。穿着满是灰尘的皮鞋的人，让人一看就觉得不可靠、办事不利落。

(2) 旧皮带：皮带是搭配正装的重要配饰。尤其是需要用领带和皮带打造亮点的男士，关键在于要穿戴得端正清爽。破旧不堪的皮带和脏兮兮且掉漆的皮带都会破坏整体造型。这一点同样适用于女性。皮革材质的腰带是职业装的首选。

(3) 破洞牛仔裤：也许有些公司允许员工穿着休闲风格的衣服。但是，就算是可以彰显个性的职业，也最好不要穿破洞牛仔裤。在与客户开会时，如果以破洞牛仔裤示人，对方对你的信赖度会大大降低，而且也会让对方感到不愉快。

(4) 华丽的印花服装：华丽的印花服装会让周围的人觉得你很慵懒散漫，像一个来公司度假或参加聚会的人。如果想穿印花系列，可以选择有淡淡印花的围巾或披肩，也可以在外套里配一件色彩艳丽的打底衫。

(5) 皱巴巴、有污渍的衣服：穿着皱巴巴的衣服去面试，就如同向人宣布你是个懒惰的人。尤其男性要多注意领带上有没有沾上污点，西装也要防止弄皱弄脏。

(6) 华丽的饰品:太过夸张或耀眼的饰品在面试时会带来不便,让人觉得碍手碍脚。

三、特殊场合的搭配

1. 宴会等正式场合

宴会服装,虽属非经常性穿着的衣饰,但在生活中,仍需依自己的需求,准备两件或多件。尤其是具有组合功能,又能达到惊人效果的多重搭配服饰,能让你在不同的场合,表现应有的穿着仪态,既不失礼仪,也不喧宾夺主。在添购必要的宴会服装前,有以下几个建议:

(1) 平时多翻看服装讯息快速的杂志,或服饰专栏简介。如强调流行讯息快速,并整合服装相关资讯的时尚类专业杂志。另外,报导实用的穿衣哲学、要领的报纸和综合性杂志的定期服饰专栏,一方面了解流行时尚的脉络,另一方面也在无形中提高自己对美的鉴赏力。

(2) 分析自己的身材及品味,挑选吻合个人气质风格的品牌系列,再依场合的需求做考量。

(3) 考虑功能变化,是否容易组合成另一种风貌,达到多次穿着的经济效益。如简单而材质精致的洋装,可以搭配协调色系的蕾丝刺绣外套,或换上具特色的典雅披巾,增加晚宴气氛,甚至只是别上一朵别致华丽的胸花,都能令人看出你的巧思及品味。而且,巧妙的组合式晚装,可避免同场合“撞衫”的窘况。

(4) 按宴会场合的差异,及主客身份的不同,将既有的晚宴服归纳筛选后,再适时添购较有新意的单品,补充既有服饰的不足。可能的话,事先了解宴会的层次,尤其是赴宴宾客的穿着要求。

服装造型:

中式风格服饰:可分为袍装类或组合式晚装,由于曲线优美,适合东方人的身材特质,颇受女性的喜爱。在正式国宴或婚宴场合,都是一种代表隆重的礼仪表现(图 2-1-99,图 2-1-100)。

图 2-1-99

图 2-1-100

西式晚宴服:应选择能修饰自己身材,配衬个人气质的款型。除了修长及踝的长礼服外,款式俏丽、素材精致的小礼服,是年轻女性参加宴会时的另一种选择。在商业界社交场合,或时尚业举办的社交活动,都可将个人独特的创意巧思加入服装造型里,以别具一格的时尚魅力吸引众人的目光(图 2-1-101～图 2-1-103)。

图 2-1-101　　图 2-1-102　　图 2-1-103

装饰搭配品：合适的搭配品装饰，可有画龙点睛之效，集中焦点；而过多的装饰品，却犹如画蛇添足，掩盖了自己的气质光芒。所以，你可选择其中一种作为集焦的饰品，其他尽量求简单而协调（图 2-1-104，图 2-1-105）。

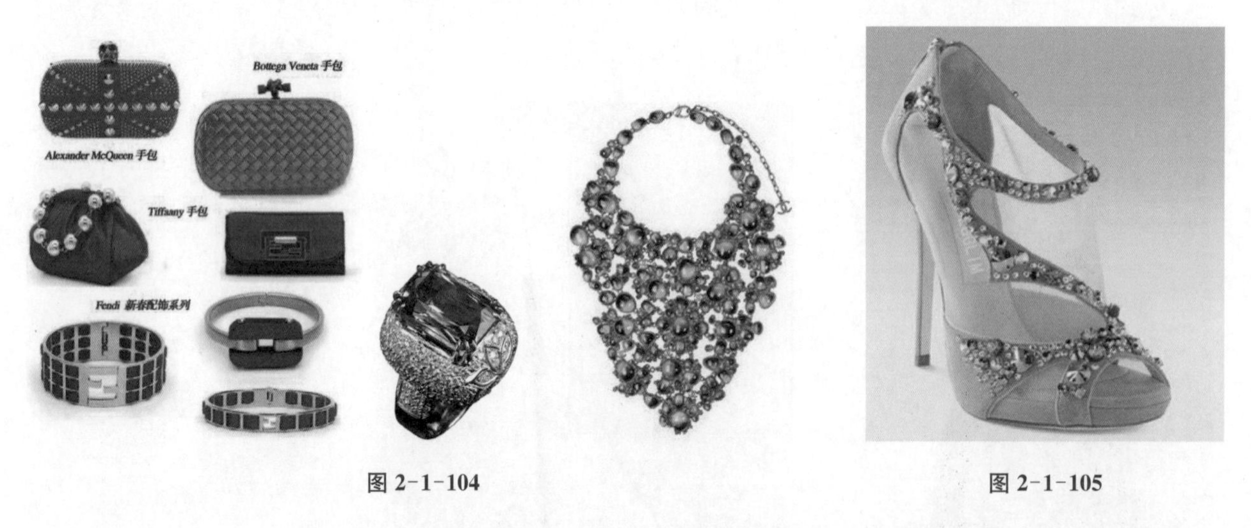

图 2-1-104　　图 2-1-105

发型彩妆：发型是令人直接感受到精神及个性的地方。不同的发型，可以塑造出不同的视觉效果。彩妆部分，除了基本的彩妆外，可依服装的色彩，多加流行的金银粉或亮光眼影，加强眼线，假睫毛，透明光泽唇彩，甚至贴上拉风的小钻，加强晚宴的华丽效果。修剪干净手上的指甲（穿凉鞋式高跟鞋时，应注意脚指甲的修剪），可涂上适合的指甲油或护甲油，也可喷上魅惑但不刺鼻的香水，以求完美。

2. 时尚派对

时尚派对，通常是展现个性的好机会。个性型的服装会把小礼服取而代之。在这种聚会上，人们不在意衣装是否华丽和庄重，更在意表达个人的风格和品位。

（1）个性派对

个性搭配显得很重要，要注重时装化，太正式的套装会显得不合时宜。如果实在懒得费心思，名牌时装是最简易的选择。但衣服的某些细节需要让人看到有所变化，显示出设计感，比如领子的设计，或者加一个特别的配饰。

(2) 鸡尾酒会

鸡尾酒会可谓时尚派对中着装最正式的，色调基本统一在黑、白、酒红、香槟等彰显高雅的色系中，虽然还是要穿小礼服，不过别致曼妙的蕾丝、提升的腰线、修身的姿态很重要。秋冬大热的各类皮草或者仿皮草的披肩，或者质地相衬的小手套，可以帮你的小礼服提升高贵度；漂亮的丝巾、胸针、手包等细节，可以使你立刻“亮”起来(图 2-1-106～图 2-1-108)。

图 2-1-106

图 2-1-107

图 2-1-108

(3) 主题派对

主题派对着装要符合聚会主题。在酒吧里举行的主题派对，邀请函上的“正装”指示，不过是提醒你要穿得华丽妩媚、光芒四射。昏暗的灯光下，金色、银色、漆皮等光泽感可以大显神通。“松松垮垮”的格子西装、项链式领带、低腰的哈伦裤……这样稍微“变型”的西服打扮颇为中性，是让你在时尚聚会中显露头角的最方便配搭(图 2-1-109)。

图 2-1-109

(4) 约会派对

这里指的约会，是指青年男女以自娱自乐为目的举行的歌舞派对。大家同是青春洋溢的年轻人，在服装选择上的需求就是：再轻便一些，再性感一些，再活力一些。总之，没有一定之规。约会派对要自然随性又不失品味(图 2-1-110)。

图 2-1-110

四、休闲场合的搭配

如图 2-1-111～图 2-1-136 所示。

图 2-1-111

图 2-1-112

图 2-1-113

图 2-1-114

图 2-1-115

图 2-1-116

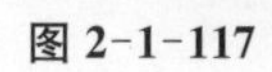

图 2-1-117

图 2-1-118

图 2-1-119

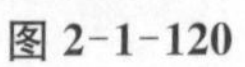

图 2-1-120

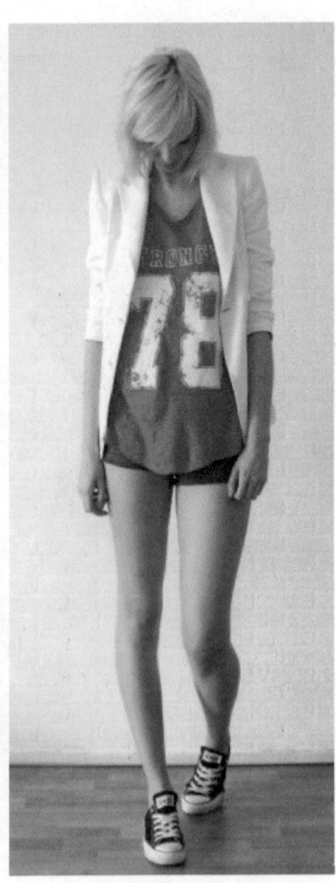

图 2-1-121

图 2-1-122

图 2-1-123

图 2-1-124

图 2-1-125

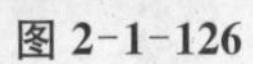

图 2-1-126

图 2-1-127

图 2-1-128

图 2-1-129

图 2-1-130

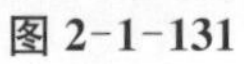

图 2-1-131

图 2-1-132

图 2-1-133

图 2-1-134

图 2-1-135

图 2-1-136

第五节　不同服装材质的搭配技巧

一、服装材质的分类与特征

1. 服装材质的分类

天然纤维：植物纤维（棉、麻）、动物纤维（羊毛、兔毛、桑蚕丝）、矿物纤维（石棉）。

化学纤维：再生纤维（纤维素纤维、蛋白质纤维、海藻纤维）、合成纤维（锦纶、涤纶、腈纶、维纶、丙纶、氯纶及其他）、无机纤维（硅酸盐纤维、金属纤维及其他）。

2. 服装材质特性

（1）棉纤维织物

纯棉的面料是指以棉线、棉纱为原料的机织物，也叫棉布。常见的面料有泡泡纱、帆布、华达呢、平绒、灯芯绒、牛仔布，分为针织和梭织两大类。按染色工艺可分为色织和匹染两大类。多采用石磨、磨毛等方式来改善面料的手感和质感。高温碱处理可制成丝光棉，丝光棉具有棉的天然特性加丝的光泽感，手感柔软，吸湿透气，弹性与垂感好，花色丰富，穿着舒适、随意。

特点：① 具有良好的透气吸湿性能，穿着舒服柔软，保暖，卫生。

② 染色性能好，颜色丰富，耐热，不易被碱性腐蚀，抗虫蛀。

缺点：易褪色，耐酸性差，弹力差，容易折皱、发霉、缩水。

（2）麻纤维织物

最适宜制作夏季服装。亚麻吸湿优良，静电少，导热性、保暖性好，抗拉力高，抗腐耐热，平直光洁，光泽柔和，80%的亚麻产自于黑龙江。亚麻纤维是人类最早使用的天然纤维。由于它有良好的吸湿、透气、防腐、低静电等特征，被誉为“纤维皇后”。常温下穿着亚麻的服装，可使人体的实感体温下降 4～5℃，因此有“天然空调”之名誉。亚麻仅占天然纤维的 1.5%，价格非常昂贵，在国外是身份和地位的象征（图 2-1-137，图 2-1-138）。

特点：① 穿着舒适不沾身，具有凉爽透气的优点。

② 吸湿性很好，强力也大，是天然纤维面料中最强硬的一种。

③ 麻料的耐磨性比棉好。

缺点：比棉易掉色，因此麻料的花色品种单一。

图 2-1-137

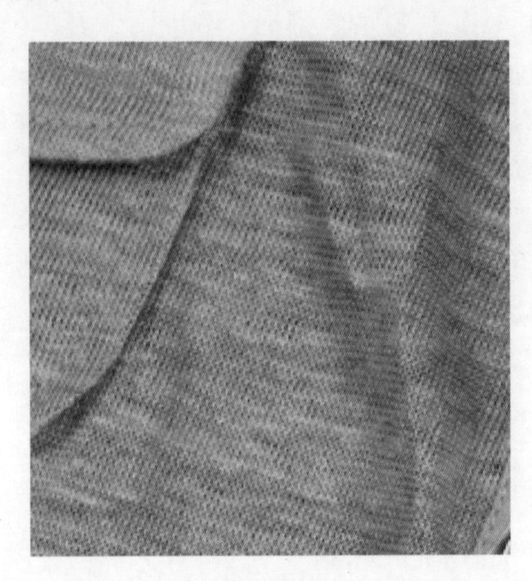

图 2-1-138

(3) 毛纤维织物

是指用羊毛、特种动物毛为原料或以羊毛与其他纤维混纺、交织的纺织品，习惯上又称呢绒。毛纤维织物分为针织、梭织两大类。羊绒纤维比羊毛细很多，外层鳞片也比羊毛细密、光滑，因此，重量轻、柔软、韧性好。贴身穿着时，轻、软、柔、滑，非常舒适，无可比拟。羊绒是一根根细而弯曲的纤维，其中含有很多的空气，并形成空气层，可以防御外来冷空气的侵袭，保留体温不会降低。羊绒的颜色自然而高贵，具有很好的吸湿性，而且染色性强，一旦上色后就不易褪色，使产品光泽柔和、色彩高雅。羊绒的手感很好，穿着起来很舒服，原因在于羊绒的弹性相当好。羊绒还有良好的还原特性，羊绒制品的手感软而不烂，富有弹性。许多羊绒制品如羊绒衫、羊绒西装、大衣、裙子稍有褶皱，只要悬挂一晚上，就能恢复原状。羊绒与羊毛相比的另一优势就是不缩水、易定型。如此优越的各方面性能导致羊绒的价格昂贵。因此，我们采用少量羊绒与其他成分混纺的方式，使面料在外观和触感上都得到提升，整体价位又得到控制(图 2-1-139，图 2-1-140)。

特点：① 它的吸湿性比棉好，穿着时无潮湿感，柔软而舒适。

② 其质地坚韧，经久耐用，色泽美观，光泽自然，弹性优良。

③ 用毛料制作的服装外观挺括，保暖性好。

④ 颜色丰富，遇水不易褪色，耐酸不耐碱。

缺点：毛料不宜长时间在阳光下暴晒，否则会失去羊毛油亮的光泽而变黄。

图 2-1-139

图 2-1-140

(4) 桑蚕丝织物

是指桑蚕结的茧抽出的蚕丝而制成的织物。蚕丝色泽白里带黄，手感细腻、光滑，有一股淡淡的动物纤维特有的气味。真丝对人体皮肤具有良好的保护作用。这首先体现在丝绸具有良好的吸湿性，干燥的蚕丝在潮湿的环境中能吸湿，而潮湿蚕丝在干燥的环境中又能放湿。因此，用蚕丝制成丝绸服装能吸收人体排出的汗水和新陈代谢产生的二氧化碳，带走人体的热量，减少微生物在皮肤上滋生的机会。所以，穿着丝绸服装使人有飘逸滑爽、舒适凉快的感觉，利于防止皮肤病的产生(图 2-1-141～图 2-1-144)。

特点：① 蚕丝中含有 20 多种人体需要的氨基酸，人们身着贴身的丝绸服装时，蚕丝中的氨基酸可以通过皮肤进入人体，使皮肤变得光滑润泽。

② 由于蚕丝的滋生结构，使丝绸服装具有抗紫外线的作用，避免紫外线直接照射人体皮肤而造成伤害。

③ 真丝织物雍容华贵，漂亮美观。

④ 桑蚕丝织物平滑、细洁、柔软、贴身，色泽鲜艳。

⑤ 滑爽舒适，悬垂性好，大多呈轻薄飘逸状。

⑥ 弹性、抗皱性都优于棉、麻织物。

⑦ 舒适性极好，吸湿透气。

缺点：唯一的不足之处是其耐热性、耐晒性能较差。

图 2-1-141

图 2-1-142

图 2-1-143

图 2-1-144

(5) 涤纶织物

属于聚酯纤维。

特点：①具有良好的弹性和回复性。

② 面料挺括不起皱，保形性好。

③ 强度高，弹性好，经久耐穿。

缺点：容易产生静电，吸尘性和吸湿性较差。

(6) 锦纶织物

特点：① 锦纶面料比所有的天然纤维和化学纤维都耐磨。

② 手感较涤纶软，常温染色，耐温程度低，高温下易碎裂，低温水洗熨烫。

③ 比涤纶和腈纶的吸湿性好，弹性比较好。

④ 锦纶耐碱但不耐浓酸，不发霉，不怕虫蛀，也不腐烂。

缺点：锦纶面料的缺点是容易变形，耐热性较差，长期日晒后容易发黄，久穿后容易起毛球。

(7) 亮丝

原料是尼龙丝(锦纶)，又区别于一般的尼龙长丝。

特点：① 有光泽(甚至优于天然丝)，吸汗，可通过毛细管将皮肤或内衣上的汗水渗透到表面，在汗水蒸发后有凉快的感觉。

② 稍有自然的弹性,与人体活动相适应。

③ 耐洗涤,保持永久的鲜艳色彩和良好的外形。

④ 细微结构使织物具有挺括性,不易起皱,许多优良品质是一般尼龙面料所不具备的。

(8) 黏胶纤维

黏胶纤维属人造纤维。

特点:① 黏胶纤维面料手感柔软,吸湿透气性好。

② 布面光洁,色泽鲜艳。

缺点:① 弹性较差,容易褶皱变形,缩水。

② 耐酸耐碱性都不如棉好,而且不能在阳光下长时间暴晒,否则会变软变脆。

黏胶纤维面料的运用范围很广,常见的有人造棉、人造毛。

(9) 莫代尔

原料采用欧洲的榉木,先将其制成木浆,再经纺丝加工成纤维。该产品原料是100%的天然纤维。

特点:① 超乎想象的柔软,经过多次的洗涤后仍然柔软。

② 色泽亮丽,悬垂性好,有良好的吸湿透气性,优于棉。

③ 保健用品,有利于人体生理循环。

④ 穿着给人一种滑爽、柔软、轻松、舒适的感觉。

(10) 天丝

该纤维是以木浆为原料,经溶剂纺丝方法生产的一种新型人造纤维。

特点:① 柔软,舒适,透气性好,光滑凉爽,悬垂性好,耐穿耐用。

② 无论在干或湿的状态下均具有韧性。

③ 生产过程无毒无污染,是绿色的环保产品。

二、材质与服装造型的关系

利用材质组合与搭配,塑造不同的服饰形象。

1. 同质面料间的组合

相同质地面料间的组合,是指把质地、色彩、风格一致的服装面料搭配在同一套服装中,构成和谐统一的视觉效果的组合方式。由于材料的各个方面都相互一致,很容易取得统一、稳定的服装效果。但其欠缺也显而易见,由于服装单品之间的共性过强,容易造成鲜明的个性缺乏的弊端。因而,相同面料的组合,一定要努力寻求形态上、纹理上、表现形式上、构成状态上的变化,形成对比。否则,统一就容易构成单一和单调,就会缺乏生动感人的视觉效果。

2. 不同质地、不同风格的面料组合

不同质地、不同风格的面料组合指质地、厚薄、粗细、色彩、风格等方面具有一定差异的面料搭配在一套服装之中,构成多样统一的视觉效果的组合方式。各种面料有各自的"性格表情"和效果,具有不同的质地和光泽,两种以上的面料并用,通过相互的衬托、制约,使彼此的质感更为突出。如有光泽与无光泽的对比、褶皱与光滑的对比、柔软与厚重的对比、细腻与粗糙的对比、透明与不透明的对比、弹性的对比等,使整体服装效果更趋完美。

但同时,不同材料的组合,由于材料的各个方面都存在一定的差别,要努力寻求统一,要找到能够起到决定因素的所在。也就是说,不同的材料组合在一起,必须让能起到主导作用的某个材料占到绝对大的面积,才能构成稳定的视觉效果;或者,让质地接近或相同的材料在服装的不同部位多次出现,使不同的材料之间呈现一种内在联系或建立一种秩序,也能使服装整体呈现和谐的效果(图2-1-145,图2-1-146)。

图 2-1-145

图 2-1-146

三、四大造型搭配要素

1. 层次搭配法

几种单品叠穿在一起的搭配法。即使是平凡的衣服，如果叠穿在一起，也会别有一番韵味。这时可以选用一些材质简单的单品，或是统一颜色，穿出层次感，感觉更精练。例如 T 恤配一件马甲、开襟衫或夹克外套，短裤或短裙与打底裤叠穿(图 2-1-147)。

图 2-1-147

2. ＋1 搭配法

“＋1 搭配法”是在基本着装的基础上添加一件，起到画龙点睛的作用。乍一看，很像层次搭配法，但层次搭配法是几种单品搭在一起，而“＋1 搭配法”的特征是仅用一件单品来辅助整体造型，成功打造亮点。围巾与披肩是最走俏的热门单品，不仅可以维持原有的风格，还可以吸引眼球（图 2-1-148～图 2-1-150）。

图 2-1-148

图 2-1-149

图 2-1-150

3. 交叉搭配法

交叉搭配法是将完全不同的材质或设计分别搭配在上下半身，打造出乎意料的全新形象。例如，正装外套里穿一件透视上衣，下身搭配破洞牛仔裤，小西装外套配一条厚重的短裙，雪纺上衣配男士裤子等等。将用途与形象完全不搭的单品配在一起时，会有一种特殊的魅力散发出来（图 2-1-151～图 2-1-154）。

图 2-1-151

图 2-1-152

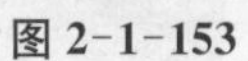
图 2-1-153

图 2-1-154

4. 混搭搭配法

如果说交叉搭配法是将完全不同的单品配在一起让人出乎意料，那混搭搭配法是与新品相搭，颜色和材质不突兀，形象统一。颜色方面，色调要相似，基本款T恤与小背心或亮片马甲叠穿，再穿一条袋袋裤；基本款衬衫配套头衫，下半身穿有光泽的短裙，将互不相同的单品与颜色混搭在一起(图 2-1-155，图 2-1-156)。

图 2-1-155

图 2-1-156

第二章 服饰配件的搭配技巧

第一节 领带的搭配

一、领带种类与适合的场合

1. 素色领带

带有同色条纹的领带也归为素色。根据其颜色不同，它可以是传统的，也可以是前卫的。除非太前卫、太亮丽的颜色，一般均可在商务场合中使用(图 2-2-1)。

图 2-2-1

2. 条纹领带

根据颜色、条纹、面料，和西装、衬衣相配，可以适应商务与休闲场合(图 2-2-2，图 2-2-3)。

图 2-2-2

图 2-2-3

3. 小花领带

指素色背景上有圆形、钻石形、小方形等图案的领带(图2-2-4)。

图 2-2-4

4. 圆点领带

以上三种领带,在职业场合中用的比较多。但在选择职业着装中的西装、衬衣时,要避免大条纹、大反差颜色的服装。所以搭配以上三种领带时,犯错误的机会不多(图 2-2-5)。

图 2-2-5

5. 俱乐部领带

在素色背景上加一些传统图案,比如运动徽章、动物图案等。这种领带可以是保守的,也可以是娱乐型的。一般而言,适合休闲时佩戴,正式社交场合最好不要选择此类领带(图 2-2-6)。

图 2-2-6

6. 方格领带

大部分用于与休闲服装相配。这种图案的领带由羊毛、棉、麻原料制成,一般与休闲装中相同面料的外衣搭配(图 2-2-7)。

图 2-2-7

7. 多色多图案的领带

由图案加条纹，或两种以上的图案组成，颜色可以是两色或两色以上。选用这种领带，需要有比较高的搭配技巧。如果选择得体，这款领带会为你增添光彩。小图案、颜色不太复杂，适合职业场合；大图案、夸张图案、多颜色，适合休闲场合（图 2-2-8）。

图 2-2-8

二、领带和服装的搭配技巧

衬衫和领带的搭配是一门学问，若搭配不妥，有可能破坏整体的感觉，但是如果搭配得巧妙，则能抓住众人的眼光，而且显得自己别出心裁（图 2-2-9，图 2-2-10）。

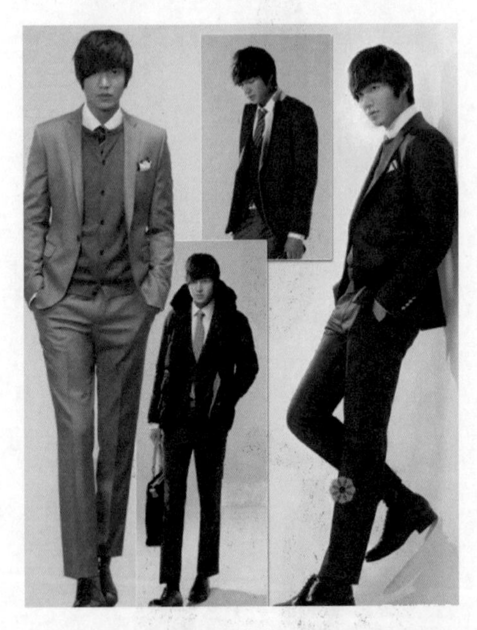

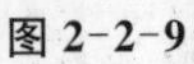

图 2-2-9　　图 2-2-10

1. 领带与西装、衬衫的颜色搭配

一般从颜色搭配的角度讲，领带永远是起主导作用的，因为它是服装中最抢眼的部分。一般说，应该首先把注意力集中在领带与西服上衣的搭配上。从比较讲究的观点看，上衣的颜色应该成为领带的基础色。主要应注意以下几点：

(1) 黑色西服，穿以白色为主的衬衫或浅色衬衫，配灰、蓝、绿等与衬衫色彩协调的领带。

(2) 灰色西服，可配灰、绿、黄和砖色领带，穿白色为主的淡色衬衫。

(3) 暗蓝色西服，可以配蓝、胭脂红和橙黄色领带，穿白色和明亮蓝色的衬衫。

(4) 蓝色西服，可以配暗蓝、灰、胭脂、黄和砖色领带，穿粉红、乳黄、银灰和明亮蓝色的衬衫。

(5) 褐色西服，可以配暗褐、灰、绿和黄色领带，穿白、灰、银色和明亮的褐色衬衫。

(6) 绿色西服，可以配黄、胭脂、褐色和砖色领带，穿明亮的银灰、蓝色、褐色和银灰色衬衫。

(7) 如果在选择有多种颜色图案的领带时，领带图案中的任何一种颜色能与衬衣或西装的颜色一样，便会锦上添花。

2. 领带与西装、衬衫的图案搭配

领带图案代表的含义：

(1) 斜纹代表勇敢。

(2) 方格代表热情。

(3) 碎花代表体贴。

(4) 垂直线代表安逸。

(5) 横线代表平稳。

(6) 波纹线代表活泼、跳跃。

(7) 圆形代表饱满成熟。

从图案搭配的角度讲，只要掌握了几点原则，就能省去很多的烦恼。同类型的图案不要相配，格子的西装不要配格子的衬衣和格子的领带。如果你穿了件暗格子的西装，配素色或条纹、花纹的衬衣和领带就很漂亮。格子的衬衣配斜纹的领带，直纹的衬衣配方格图案的领带，虽然都是直线条，但却有纹路方向的变化，不会单调呆板。暗格图案的衬衣配花纹的领带，暗格在这里能当作素色处理。印花或花型图案的领带最好配素色的衬衣，如果配格子或线条的衬衣，多少都会让人有一点眼花缭乱(图 2-2-11，图 2-2-12)。

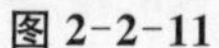

图 2-2-11

图 2-2-12

3. 领带与衬衫领口的搭配

除颜色与图案的搭配外，还应特别注意领带与衬衫领口的搭配。领带有多种常用系法，那么在日常生活中，到底该用哪种好呢？一般情况下，除受流行因素的影响外（如西服驳头的宽窄影响到领带的宽窄，进而影响到领带结的大小），主要根据所穿衬衫领子的形状（领尖夹角的大小）来选择。现在市场上的男衬衫，从领型上分，有以下几种：

（1）标准领

由于领型普通，所以最容易搭配。无论什么领带，都可以尝试与之搭配，而且不必挑剔领带的图案。

（2）宽角领

这种领型适合系温莎结形的领带，而且一般与英国式的西服相搭配，是当年温莎公爵带头兴起的。但近年敞角领的衬衫与打得稍小的半温莎领结相配，于复古中反映出精致的现代思潮。

（3）带扣尖领

这种领型的领尖夹角一般等于或小于标准领型，因此适合系半温莎结或平结。

（4）有襻领

这种领型因夹角较小，所以一般系平结。

（5）针孔领

适合系平结。

（6）小方领

一般系半温莎结或平结。

（7）冀形领

一般系蝴蝶结而不系普通领带。

（8）立领

通常不系领带。

三、领带的不同系法

1. 平结

（1）平结是男士们选用最多的领带系法之一。

（2）几乎适用于各种材质的领带。

（3）完成后领带呈斜三角形，适合窄领衬衫。

要诀：图中宽边在左手边，也可换右手边打；在选择“男人的酒窝”（形成凹凸）情况下，尽量让两边均匀且对称（图 2-2-13）。

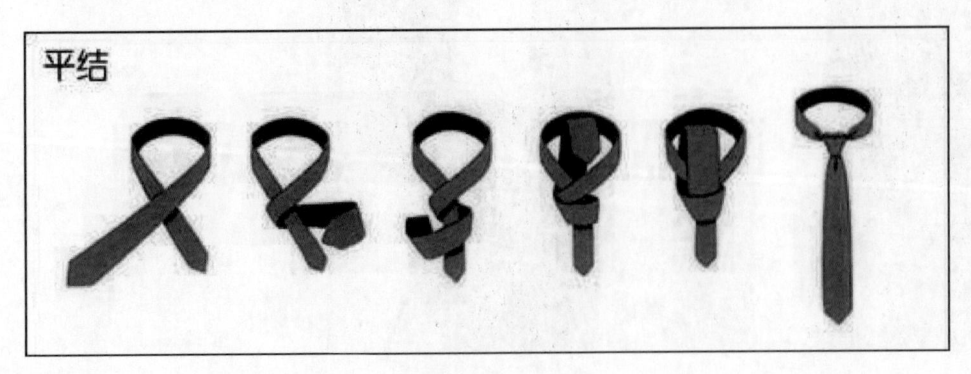

图 2-2-13

2. 双环结

(1) 一条质地细致的领带，再搭配双环结，颇能营造时尚感。

(2) 适合年轻的上班族选用。

要诀：该领带打法的特色就是第一圈会稍露出于第二圈之外，千万别刻意盖住(图 2-2-14)。

图 2-2-14

3. 交叉结

(1) 这是单色素雅质料且较薄领带适合选用的系法。

(2) 喜欢展现流行感的男士，不妨多使用交叉结。

(3) 交叉结的特点在于打出的结有一道分割线，适用于颜色素雅且质地较薄的领带，感觉非常时髦。

要诀：注意按步骤打完领带时背面朝前(图 2-2-15)。

图 2-2-15

4. 双交叉结

(1) 双交叉结很容易体现男士高雅的气质，适合正式活动场合选用。

(2) 该领带系法应多运用于素色丝质领带，若搭配大翻领的衬衫，不但适合且有种尊贵感。

要诀：宽边从第一圈与第二圈之间穿出，完成集结充实饱满(图 2-2-16)。

图 2-2-16

5. 温莎结

(1) 温莎结是因温莎公爵而得名的领带结,是最正统的领带系法。

(2) 打出的结成呈三角形,饱满有力,适合搭配宽领衬衫。

(3) 该集结应多往横向发展。应避免材质过厚的领带,集结也勿打得过大。

要诀:宽边先预留较长的空间,绕带时的松紧会影响领带结的大小(图 2-2-17)。

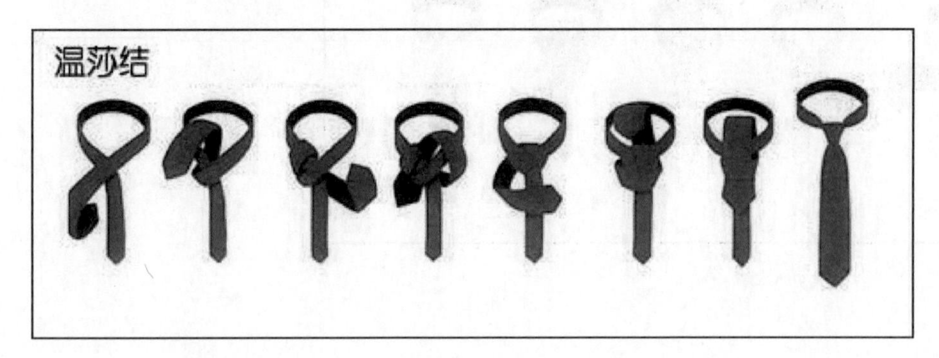

图 2-2-17

6. 亚伯特王子结

(1) 亚伯特王子结适用于浪漫扣领及尖领系列衬衫,搭配浪漫质料柔软的细款领带。"国人的酒窝"两边略微翘起。

要诀:宽边先预留较长的空间,并在绕第二圈时尽量贴合在一起,即可完成一完美结型(图 2-2-18)。

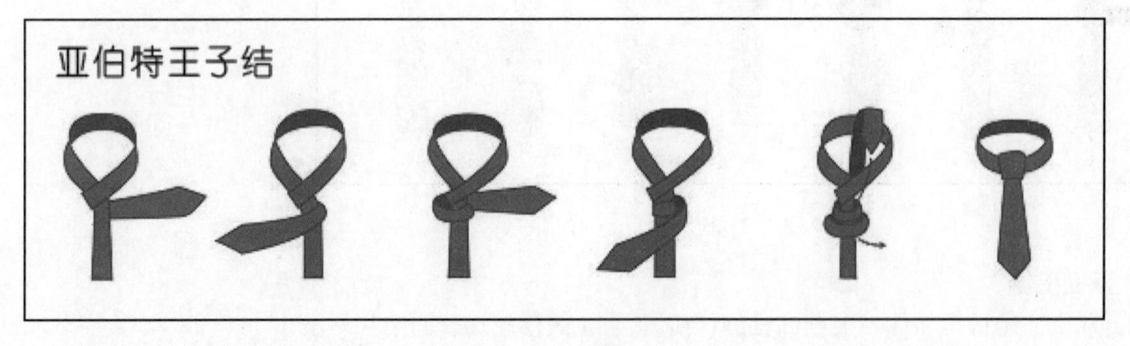

图 2-2-18

7. 简式结(马车夫结)

(1) 适用于质地较厚的领带,最适合打在标准式及扣式领口衬衫上。

(2) 简单易打,非常适合在商务旅行时使用。

(3) 其特点在于先将宽端以 180°由上往下扭转,并将折叠处隐藏于后方完成打结。

(4) 这种领带结非常紧,流行于 18 世纪末的英国马车夫中。

(5) 待完成后可再调整其领带长度,在外出整装时方便快捷。

要诀:常见的马车夫结在所有领带的打法中最为简单,尤其适合厚面料的领带,不会显得过于臃肿累赘(图 2-2-19)。

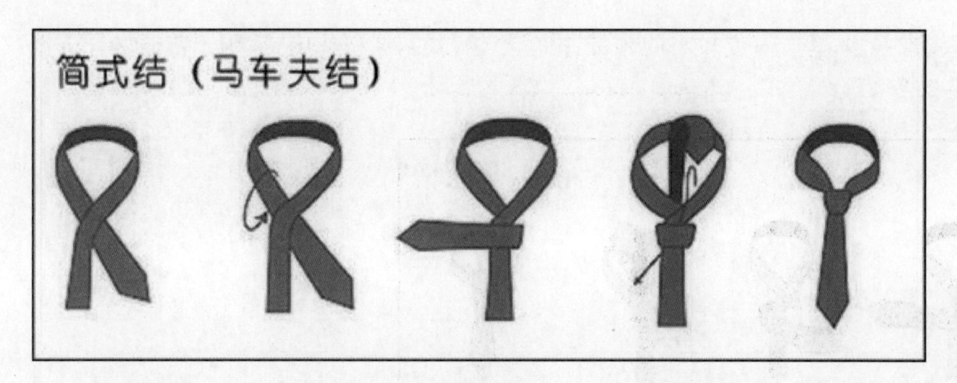

图 2-2-19

8. 浪漫结

(1) 浪漫结是一种完美的结型，故适合用于各种浪漫系列的领口及衬衫。

(2) 浪漫结能够靠褶皱的调整自由放大或缩小，而剩余部分的长度也能根据实际需要任意掌控。

(3) 浪漫结的领带结形状匀称、领带线条顺直优美，容易给人留下整洁严谨的良好印象。

要诀：领结下方的宽边压以皱褶可缩小其结型，窄边也可将它往左右移动使其小部分出现于宽边领带旁(图 2-2-20)。

图 2-2-20

9. 半温莎结(十字结)

(1) 最适合搭配在浪漫的尖领及标准式领口系列衬衣。

(2) 半温莎结是一个形状对称的领带结，它比温莎结小。

(3) 看似很多步骤，做起来却不难，系好后的领结通常位置很正。

要诀：使用细款领带较容易上手，适合不经常打领带的人(图 2-2-21)。

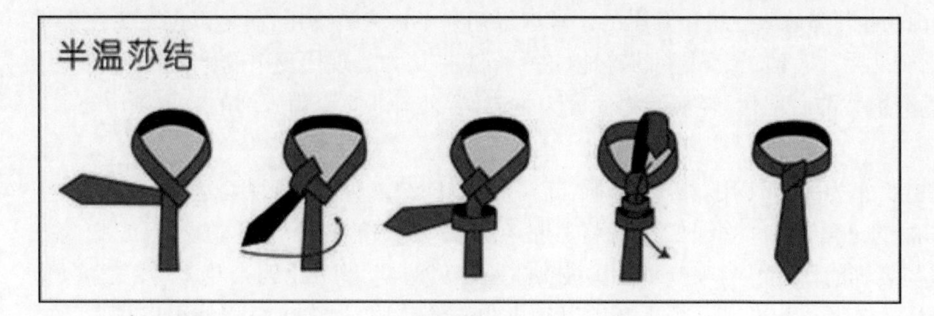

图 2-2-21

10. 四手结

(1) 所有领结中最容易上手的系法，适用于各种款式的浪漫系列衬衫及领带。

(2) 通过四个步骤就能完成打结，故名为“四手结”。

(3) 它是最便捷的领带系法,适合宽度较窄的领带,搭配窄领衬衫,风格休闲,适用于普通场合。

要诀:类同平结(图 2-2-22)。

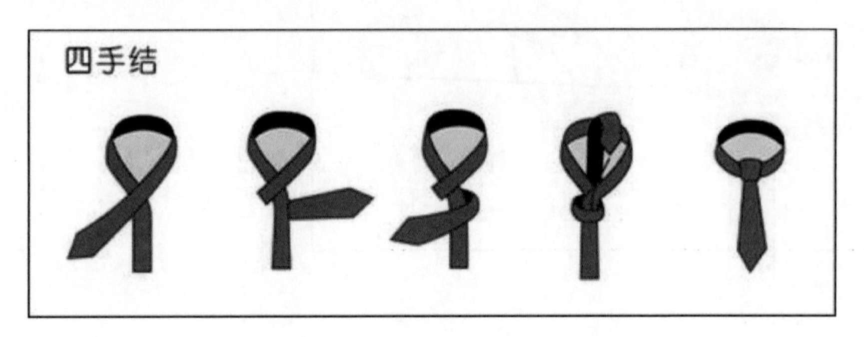

图 2-2-22

熨烫领带的方式:

无论是哪一种材质的领带,熨烫时切勿用高温,不然会变得扁、平,少了领带该有的自然垂坠感。

熨烫时一定要在表面盖一层棉布,避免熨斗直接与领带表面接触,如用蒸汽式熨斗的蒸汽来处理大面积皱褶,边缘明显折痕处再用熨烫方式为佳。

第二节 丝巾、围巾的搭配

一、丝巾的历史

1. 丝巾的演变

《荷马史诗》中对维纳斯有一段描写:她身上经常带着一条上面绣得奇奇怪怪的带子,里面包藏了她的全套魔术,有爱和情欲,以及要把一个聪明男人变成傻子的甜蜜迷魂话语。后来,天后赫拉得知维纳斯拥有这神奇的法宝,便向她借取这条"用以降伏人类和诸神的全部能力"的带子以迷惑宙斯。文艺复兴时期克尔阿那赫所画的《田野里的维纳斯》中,就清楚地描绘了维纳斯身边这条透明轻盈的带子。就是这条奇怪的带子,充分展现了维纳斯的爱与美。或许,这就是很多女人喜欢丝巾的原因。

(1) 16 世纪中叶

早在公元前 3000 年,埃及人所采用的缠腰布、有流苏的长裙、古希腊时代的缠布服装等都能找到类似丝巾的痕迹,可以说丝巾的历史就是从一块布开始的。丝巾最初并不作为装饰用,而是以御寒为主要功能。大约在中世纪以前,始于北欧或古时的北法兰西等地,这些布巾被认为是现代丝巾的始祖。16 世纪中期以后,原本的保暖功能逐渐被装饰所取代,轻薄的绢丝成为主流,后来渐渐演变为所谓的三角领巾等。

(2) 17 世纪至 18 世纪末

16—17 世纪间,丝巾主要作为头巾使用,常与帽饰结合,至 17 世纪末期,出现了以蕾丝和金线、银线手工刺绣而成的各种华丽的三角领巾,欧洲妇女们将其披在双臂并围绕在脖子上,在颈下或胸前打结,以花饰固定,兼具保暖与装饰的作用。后来到了法国波旁王朝全盛时期,路易十四亲政之时,三角领巾被列为服饰中的重要配饰并规格化。上流社会人士开始以领巾来点缀华服,许多王公贵族也以领巾来装饰男性风采。18 世纪末,三角领巾逐渐演变成长巾,可绕过胸前系在背后,材质有薄棉、细麻之分。

(3) 19 世纪:丝巾的风雅年代

200 年来,欧洲的丝巾发展几乎一直处于萌芽阶段,直至 18 世纪末,拿破仑率领一支法国军队从海上开赴埃及,希望切断当时英国通往印度的商业生命线,却意外地为法国引进了披肩,进而使披肩成为

19 世纪服饰最重要的配件。但是当时的披肩十分昂贵，只有少数人买得起。在英法战争期间，法国无法进口披肩，便开始模仿制造。从此，将近 100 年间，花色繁复的披肩几乎成为衣服的一部分。披肩不仅在法国受到欢迎，与亚洲接触频繁的英国也深受其影响。随着法国大革命、英国工业革命，欧洲大陆的工业慢慢发展起来，机器制的披肩与领巾被大量生产，原本是贵族特有的奢侈品，在一般女性的衣柜中开始扮演重要角色。

(4) 20 世纪：丝巾革命

直至 20 世纪，女性才完全发挥出使用丝巾的智慧，它开始陪伴着女性走上街头，走入职场。300 年来女性对丝巾的概念慢慢改变了，头发上缠绕细丝带或头巾取代了当时的大型帽饰，而披肩也不再是必备的服饰配件。有些女性剪掉了长发，戴上头巾与无边帽，甚至以缎带、花果装饰在头发与头巾之间。

现代丝巾的真正形成是在 20 世纪 20 年代，跳出长披肩与头巾的传统使用方式，丝织的长巾开始被使用，领巾的折法、结法等技巧慢慢受到重视。30 年代，当时方形的领巾与长巾流行的材质大多为丝或人造丝，花色十分大胆，极具设计风格的品牌特别受欢迎，著名的爱马仕丝巾就在这个时期上市了。到了 60 年代，知名设计师与品牌所设计的丝巾纷纷登场，丝巾成为服装品牌锁定的开发配饰。70 年代，嬉皮士民俗风格的花布头巾、冬季不可或缺的大围巾或长披肩，都十分流行。走过了 60—70 年代的民俗风，设计师们纷纷找寻新的创作灵感。到了 80 年代，丝巾已成为女性必备的服装配件，各式新旧的丝巾系法，使丝巾变成最具变化性的饰品。90 年代，复古风潮又重回时尚界。

20 世纪丝巾的流行故事就像一部部断代史般陆续上演，经过百年的发展，丝巾的功能性已经超乎想象，从服装、领巾、围巾、披肩，到腰带、头巾、发带，甚至被运用为表带，绑在手提袋上作为饰物，或是纯艺术品装饰。21 世纪，丝巾革命仍在继续。丝巾早已变成一种文化，它承载着女人时尚的历史。再过一个世纪丝巾会演变成什么，或许没有人可以预知，现在能看到的就是这一方精灵在优雅女士的颈项间摩挲着她柔软的肌肤，随风起舞…… “当我戴上丝巾的时候，我从没有那样明确地感受到我是一个女人，美丽的女人。”奥黛莉 · 赫本说(图 2-2-23，图 2-2-24)。

图 2-2-23

图 2-2-24

二、丝巾的挑选

明确挑选丝巾的目的：

首先，选择丝巾之前，要明确丝巾的用途，是修饰身形，还是弥补服装的缺陷。

其次，要明确使用的场合，在此种场合中要表现的形象，是干练优雅，还是活泼可爱，或只要舒服就可以了。

选购丝巾小贴士：

(1) 将丝巾贴近脸部，看一看与脸色是否相配。

(2) 将丝巾系成平时常用的形状进行试戴。

(3) 丝巾要与体型及服装整体相配合。

(4) 考虑与腰带、提包等小饰物的配合。

(5) 后背效果和侧面效果也是不可忽视的。

三、丝巾的色彩及图案

挑选丝巾的颜色：

从整体来看，丝巾给人的第一印象通常是色彩感。与服装搭配时，丝巾的颜色也占有举足轻重的地位。丝巾大体可以分为冷色调和暖色调(图 2-2-25)。

图 2-2-25

挑选丝巾的图案：

1. 几何图形类

直线、方形、三角形等几何图案都属于这一类。此种图案的围巾较中性，专业感强，适合搭配材质较好的正装(图 2-2-26)。

图 2-2-26

2. 线条柔和类

整体为圆形、螺旋、花朵等较柔和的图案。此种图案的丝巾使用起来更具女性魅力，适合与裙装等呈现女性柔美气质的装束搭配。

3. 具体图案类

此类丝巾的图案比较具体，多以整幅的图画为主，使用起来较随意，没有过多的限制(图 2-2-27，图 2-2-28)。

图 2-2-27

图 2-2-28

4. 色彩单一类

单一颜色的丝巾高雅大方，适合搭配时尚而简约的服饰，造型清新、干练，又不失女性魅力(图 2-2-29，图 2-2-30)。

图 2-2-29

图 2-2-30

四、丝巾与服装的搭配

1. 丝巾与同色衣物的搭配

在丝巾与衣物的颜色搭配中，选择与身上所穿着的一件服装同样颜色的丝巾是最简单省力的方法，而与丝巾所呼应的服装也会因其穿着的位置不同而带来不同的效果。同时，丝巾和服装在材质上的统一或区分也能使整体富于变化.

(1) 丝巾与上装颜色相统一

丝巾与上装颜色相统一时，最需要注意的就是上下装在重量感上的平衡。丝巾颜色较深时，应避免浅色下装，同时上下装的颜色氛围也应该比较统一。

(2) 丝巾与下装颜色相统一

当丝巾的颜色与下装相同时，由于中间隔着上装能使整体达到较好的平衡效果，此时上装不宜过长，特别是长丝巾与下装的颜色一致时，上装最好不要超过胯部。另外，要注意其他衣物在图案与款式等方面不要过于花哨(图 2-2-31，图 2-2-32)。

图 2-2-31

图 2-2-32

2. 丝巾与相近色衣物的搭配

丝巾除了在颜色上与衣物完全一致外，还可以在明度上进行变化，但应使两者保持一种色系，或颜色相近，但在明度上保持一致。这种方法能使整体产生微妙而有层次的变化，可以形成非常高调的搭配。

(1) 丝巾与上装的相近色搭配

丝巾可以只与上装做相近色的搭配，这个方法在上装比较复杂时更为实用。如果上装和丝巾颜色均较深时，下装的颜色不应太浅；当上装和丝巾同为较浅的相近色时，整体则应有一些其他颜色点缀(图 2-2-33，图 2-2-34)。

图 2-2-33

图 2-2-34

(2) 丝巾与下装的相近色搭配

丝巾与下装做相近色搭配时，如果两者的颜色都比较深，上装选择浅色的短款，能在视觉上有效拉长身高；反之，如果选择的上装颜色深，则不适合矮小身材的女性穿着(图 2-2-35～图 2-2-37)。

3. 丝巾与不同色衣物的搭配

丝巾与衣服的颜色并不统一，也不是相近颜色的情况，也很常见。此时突出某一方的颜色是比较实用的方法。如果两者的颜色都非常抢眼，则应保证在纯度上互相谐调，并尽量避免在正式场合穿着。

(1) 突出丝巾的搭配方法

为了突出丝巾而选择中性色衣服(特别是黑白两色)是保险而实用的方法，不仅能使整体的亮点非常明显，也能改变单调感。如果选择一些彩度低的衣服，应注意在明度、风格等方面的协调关系(图 2-2-38)。

图 2-2-35

图 2-2-36

图 2-2-37

图 2-2-38

(2) 突出衣服的搭配方法

当衣服的颜色比较突出时，与前面所说的原理相同，丝巾选择中性色或彩度低的颜色都没问题。但此时要调整丝巾的大小，或恰当地选择图案，以确保丝巾应具有的装饰效果(图 2-2-39～图 2-2-42)。

图 2-2-39

图 2-2-40

图 2-2-41

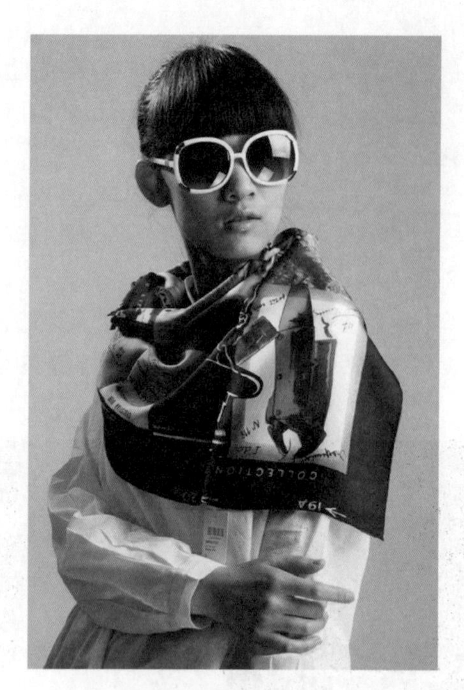

图 2-2-42

五、丝巾的巧用

1. 巧用花色丝巾绑头发(图 2-2-43～图 2-2-49)

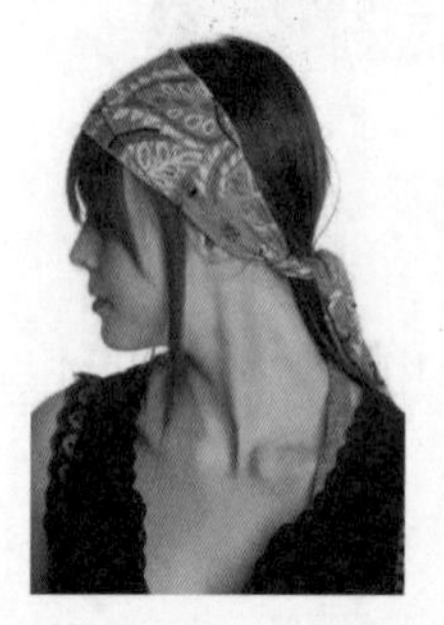

图 2-2-43

图 2-2-44

图 2-2-45

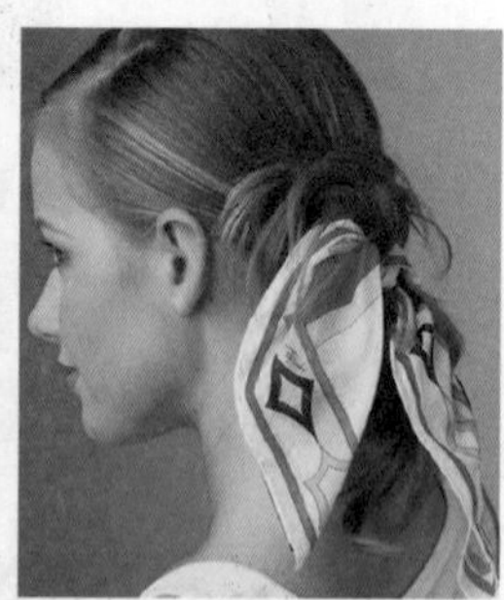

图 2-2-46

图 2-2-47

图 2-2-48

图 2-2-49

2. 丝巾帽饰

选择色彩鲜艳的丝巾点缀素色的帽子，将平凡的帽子打造出与众不同的感觉(图 2-2-50，图 2-2-51)。

图 2-2-50

图 2-2-51

3. 丝巾可以变成图案特别的个性服装(图 2-2-52～图 2-2-56)

4. 丝巾可以变成别致的腰带(图 2-2-57)

图 2-2-52

图 2-2-53

图 2-2-54

图 2-2-55

图 2-2-56

图 2-2-57

六、男士围巾的搭配

1. 对称结男士围巾的系法(图 2-2-58)

(1) 把围巾交叉绕在脖子上,左边在上,然后将右边那段沿箭头方向穿过空隙。

(2) 把围巾从空隙中抽出来。

2. 轻盈结男士围巾的系法(图 2-2-59)

(1) 把围巾在脖子上绕一圈。

(2) 将左右两段围巾交叉打结。

图 2-2-58

图 2-2-59

3. 套舌结男士围巾的系法(图 2-2-60)

(1) 围巾绕在脖子上,右边的那头在上。

(2) 将右端从中间的空隙中穿过。

(3) 将这段再从空隙中穿回,留一部分重叠。

图 2-2-60

图 2-2-61

4. 法国结男士围巾的系法(图 2-2-61)

(1) 把围巾绕在脖子上打一个结,打结处留一点空隙。

(2) 把右边那段围巾绕过左边那段,再从空隙中穿过。

(3) 把围巾从空隙中抽出来。

5. 大蝴蝶结男士围巾的系法

(1) 把围巾绕在脖子上，左右打个结，左边在上，右边在下。

(2) 把右边的那段围巾对折重叠。

(3) 把重叠的围巾放在左边那段下面，把左边的围巾沿箭头方向绕在另一段上。

(4) 把结抽紧。

6. 小蝴蝶结男士围巾的系法(图 2-2-62)

(1) 把围巾在脖子上绕一圈，交叉打一个结。

(2) 把打好的结调整到前后方向，然后再打一个结。

图 2-2-62

第三节　首饰的搭配技巧

一、首饰的分类与特点

由于首饰的种类繁多、样式各异，因此分类的方法也很多。最常见的分类方法是以具体品种来进行分类。首饰可以分为戒指、耳环、耳坠、项链、胸针、胸花、手链、领带夹、袖扣等。

1. 戒指

戒指是装饰在手指上的珠宝饰品。戒指除了装饰的作用外，还有更多的寓意(图 2-2-63)。

图 2-2-63

2. 耳饰

耳饰分耳环和耳坠。耳环是将环形饰物穿过耳垂，进行耳部的装饰。耳环的造型大小不一，有精致小巧的耳环，也有粗犷的大耳环。耳坠是从耳垂部向下悬挂的坠饰。耳坠造型丰富、装饰华丽，有水滴形、心形、花形、串形、链式等(图 2-2-64～图 2-2-66)。

图 2-2-64

图 2-2-65

图 2-2-66

3. 项链

项链属于颈部上的装饰物，一般分为素色金、镶珠宝或纯珠宝，长度有 40 厘米、45 厘米以及 60～80 厘米。

4. 胸针

背面有别针，能装饰在胸部的饰品，称为胸针。胸针具有点缀和装饰服装的作用(图 2-2-67，图 2-2-68)。

图 2-2-67

图 2-2-68

5. 领带夹

领带夹是男士的重要饰品，既有装饰作用，又有实用功能，起固定领带的作用。

6. 袖扣

袖扣是男士衬衫袖口上必备的服饰配件。袖扣的造型样式较多，有方形、圆形、菱形、几何形等。

二、首饰与服装的搭配技巧

首饰是服装的点缀或补充，戴得好可起画龙点睛的功效，衬托出个人独特的气质；反之，则会破坏服装的整体美感。如何使自己通过佩戴首饰来达到最佳的气质和穿着效果，除了对各种首饰有一定的了解外，最重要的是要掌握佩戴艺术中的美学原则与流行时尚信息，同时结合自我的性格、肤色、体型等，才能达到突显个人穿衣风格的目的。

穿着棉、麻等质地朴实的服装时，适合选择陶土、竹木、半宝石等同样质朴的首饰，不适合佩戴高级珠宝首饰。华丽的礼服则与珠光宝气和谐一致(图 2-2-69～图 2-2-71)。

图 2-2-69

图 2-2-70

图 2-2-71

穿严谨的职业服时，佩戴珍珠或做工精良的黄金、白金首饰，显得精致内敛(图 2-2-72)。

穿个性的休闲服时，佩戴民族风格的首饰，如表面斑驳而陈旧的镶嵌天然石头、珊瑚、动物骨头的银质藏饰，平实的材料散发出浓烈的古朴味，能将现代时尚与异族风情搭配得完美协调(图 2-2-73，图 2-2-74)。

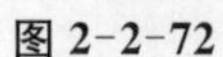

图 2-2-72

图 2-2-73

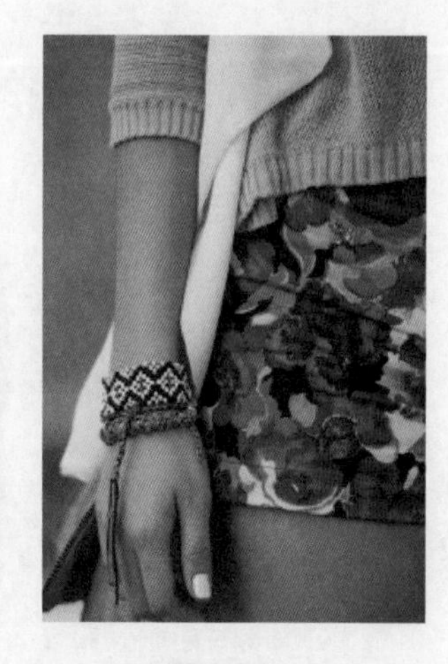

图 2-2-74

结构简洁的服装，可以选择造型突出或色彩有对比效果的首饰。佩戴成套首饰时可采用加法原则，适当增加首饰件数。而结构复杂的服装款式则要采用减法原则，首饰件数宜少，以避免造成“圣诞树”的效果。

三、首饰与身材的搭配技巧

1. 体型高瘦，胸部平坦的人

可佩戴层叠式富有结构的项链或大而雅致的胸针，能将平坦的胸部加以遮盖。个高者不宜将短项链紧束在颈间，那样会让人觉得更高(图 2-2-75)。

2. 体型瘦小的人

适合戴小型而简洁的首饰。忌将项链、耳环、胸针、手链、腰带一起佩戴。颈部和手部最好不要戴饰品，如果一定要戴项链，应选择一些像发丝那样细的金属项链，以不带坠为宜。可以尝试戴小巧的耳环、戒指(图 2-2-76)。

3. 体型偏肥胖，胸部过大的人

可选择一条长型的有悬垂感的项链，在胸前构成一个 V 字型，这样在一定程度上会显得纤细一些(图 2-2-77)。

图 2-2-75

图 2-2-76

图 2-2-77

四、首饰与脸型的搭配技巧

1. 项链与脸型

(1) 圆形脸

适合佩戴长一些或现在流行的 Y 字型的项链，可以使脸看起来显得瘦一点；尖形的耳环，可以使脸看起来比较细长(图 2-2-78)。

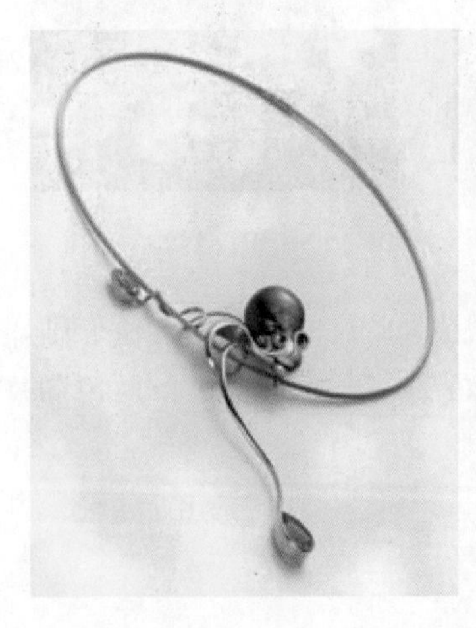

图 2-2-78

(2) 心形脸

适合戴细一点的项链。不要戴 V 字型或 Y 字型的项链，也不要戴很夸张的吊坠。

（3）方形脸

适合戴大而夺目的吊坠，让项链和吊坠形成V字型，可以柔和脸部过于硬朗的线条（图2-2-79，图2-2-80）。

图2-2-79

图2-2-80

（4）椭圆形脸

佩戴任何款式的项链、耳环，都很好看。

2. 耳环与脸型

（1）圆形脸

适合佩戴长形耳环和垂坠耳环，塑造上下伸展的视觉效果，看起来更加成熟俏丽。

（2）椭圆形脸

东方妇女传统的标准脸型。佩戴任何形状的耳环，效果都很不错，但是要注意耳环的大小与自己的整体感觉相符。由于鹅蛋脸的轮廓比较柔和，所以最好选择相似轮廓形状的耳环，如珍珠、水滴形、圆圈状或卵形的耳环。

（3）方形脸

适宜选用椭圆形、花形、心形的耳环，可以借助耳环缓和并修饰脸部棱角。

（4）心形脸

下巴比较尖的脸型，可以选择下端宽、上端窄的耳环，用来平衡尖下巴的感觉，水滴形、三角形耳环或耳钉都很适合。

五、首饰在不同场合的使用技巧

珠宝首饰的佩戴是一门大学问，佩戴得宜，对服装和整体造型有画龙点睛的作用。如何发挥珠宝首饰内在的魅力和功能呢？首先应该知道什么场合佩戴什么首饰。

认识的误区：

在人们以往的观念中，认为只有正式和庄重的场合才可以佩戴珠宝首饰，别的场合是不适合佩戴首饰的。其实这是一种认识的偏差，只要佩戴合适，任何场合均可以佩戴首饰。

1. 职场

为了突破职业装色彩的单纯性，可以在胸前和发际以及项链上搭配一些色彩生动的有色宝石，在职业装的庄重严肃之外，透射出女性的柔性和美丽。这种有色宝石的选择，一定要注意宝石的品级。

搭配珠宝首饰，能起到巧妙改变职业装外形的效果。这里两个最重要的首饰就是项链和胸针。在西服套装的领子边别一枚曲线型设计的胸针，可以在套装的庄重之中添加几丝活跃的动感；项链的长短、材质、色彩以及设计风格的不同，巧妙地搭配，同样能增加套装的动感和韵律美(图 2-2-81，图 2-2-82)。

图 2-2-81

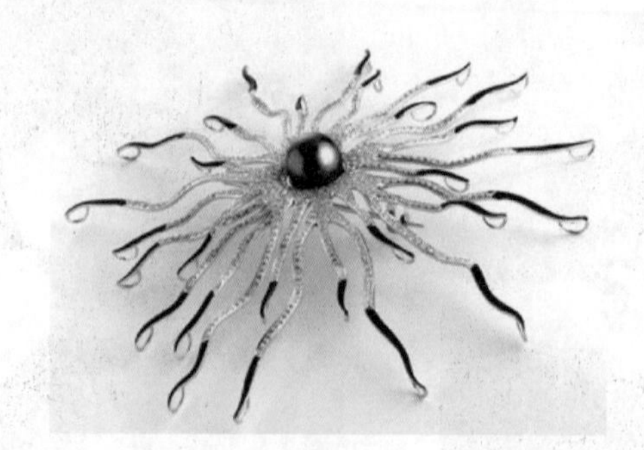

图 2-2-82

2. 派对聚餐

夜晚的星光能使人更加发光发亮，这时选择的配件饰品就非常重要，但切记千万不要将所有夸张的饰品通通佩戴在身上，这样反而失去单品的美感。参加派对聚餐虽然可以穿高贵华丽的服饰，但饰品款式却不一定要奢华，反而可以选择样式简单大方、色彩较缤纷丰富的组合，并分出重点与陪衬的配件。如此一来，可以带来鲜明的视觉效果与个人风采。材质部分则可以选择水晶类(图 2-2-83)。

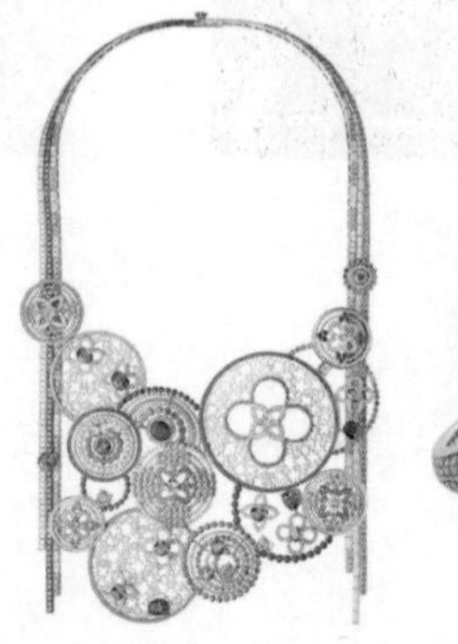

图 2-2-83

3. 家居休闲

平时家居、旅游穿休闲装时，同样应该注意珠宝首饰佩戴的形式及其与服装的搭配。一般在这种非正式场合，佩戴有设计感的彩色宝石和半宝石首饰，与休闲服装的搭配相得益彰，平淡中透出别样的品味。选择休闲时佩戴的首饰要以设计至上，充满想象力的创意，为生活增添许多惊喜。款式要简单大方，不要太繁复的装饰，否则不适合户外运动(图 2-2-84，图 2-2-85)。

图 2-2-84

图 2-2-85

4. 访亲会友

访亲会友，是大家充分展示自己佩戴个性和品味的最佳时机，适时适地地佩戴饰品，增添一点色彩，同时会给你的家人和好友一种热情和轻松的感觉。如参加庆典宴会、晚会等正式场合时，应该佩戴设计精巧的名贵珠宝套饰，佩戴两件以上的首饰，就应该注意搭配，为解决这个问题，珠宝首饰设计师设计了套装首饰。

常见的套装有两件套装、三件套装、四件套装、五件套装。两件套饰：项链/吊坠＋戒指，戒指＋耳环，项链/吊坠＋耳环，耳环＋胸针、手链＋耳环。三件套饰：戒指＋项链/吊坠＋耳环，戒指＋项链/吊坠＋胸针。四件套饰：戒指＋项链/吊坠＋耳环＋胸针，戒指＋项链/吊坠＋耳环＋手链。五件套装：戒指＋项链/吊坠＋耳环＋胸针＋手链，戒指＋项链/吊坠＋耳环＋手链＋头饰(图 2-2-86)。

图 2-2-86

套装的佩戴一定要慎重，佩戴不合适，就会闹笑话。一般来说，正式场合原则上要求佩戴套装或接近于套装的高档首饰。套装在材质、风格、工艺上要求一致。两件套饰的应用范围较广，一般情况下比较随意，可以配任何服装，但要求首饰的材料、造型、做工与环境、服饰相配。

四件套饰、五件套饰佩戴一定要慎重，只有正式和隆重的场合才可以佩戴，环境不合适就会有做作之嫌，过于堆砌，会产生负面效果。

六、个性与首饰

在选择首饰的时候，应注意首饰的款式与自身的气质及服装风格是否一致。仔细观察周围的人，你会发现因为脸型、身材、性格、气质的不同，对首饰的选择具有不同的风格倾向。而个人本身具有的风格倾向决定了适合哪一种款式风格的首饰。

1. 优雅型首饰

富于曲线美，有易碎感，如小花排列的手链、精雕细刻的戒指等。适合线条圆润、气质优柔文雅、极富女人味的人(图 2-2-87)。

图 2-2-87

2. 古典型首饰

古典型首饰正统、精致、高贵。适合面部端正、气质高雅的都市女性(图 2-2-88)。

图 2-2-88

3. 自然型首饰

自然型首饰粗犷、自然,多用树叶等形状做别针、坠子造型。适合身材高挑的人(图 2-2-89)。

4. 戏剧型首饰

戏剧型首饰大胆、夸张、有个性。适合身材高大、脸部棱角明显、走到哪儿都引人注目的人(图 2-2-90~图 2-2-92)。

图 2-2-89

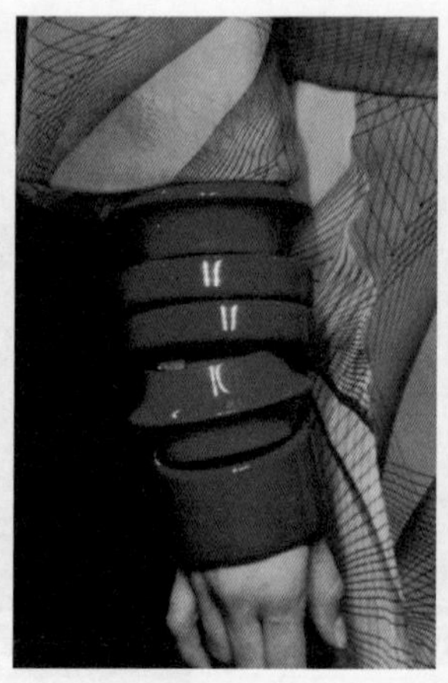

图 2-2-90

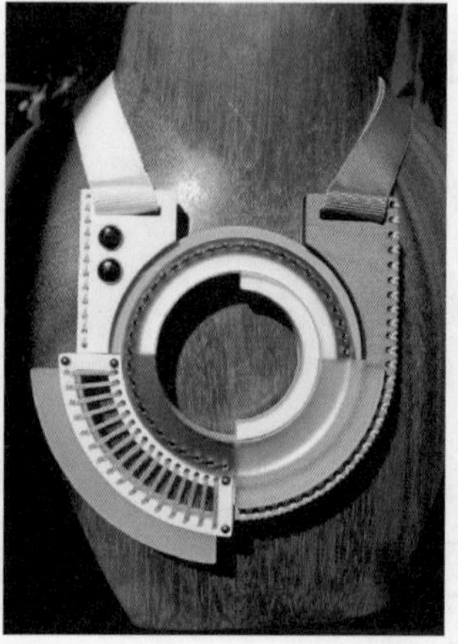

图 2-2-91

图 2-2-92

5. 前卫型首饰

前卫型首饰造型小巧、新奇、别出心裁,极具个性。适合小巧玲珑、活泼好动、有俏皮少女或男孩儿气质的人(图 2-2-93~图 2-2-95)。

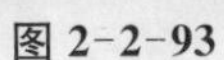
图 2-2-93

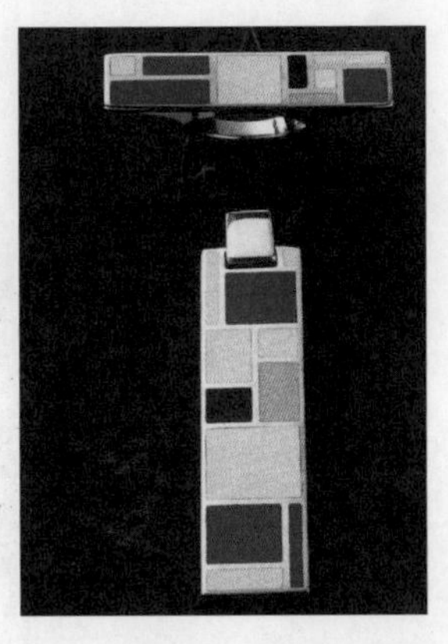

图 2-2-94

图 2-2-95

七、首饰的巧用

1. 项链的巧用

(1) 一根手链和一根同款式的项链,或者两根一样粗细的项链,就可以连成 60～80 厘米的长链。

(2) 找一些漂亮的丝带,将手链叠挂于项链的正前方。也可以用手链作挂件,圈挂在项链上,成为一款时髦的 Y 字链(图 2-2-96,图 2-2-97)。

(3) 珠宝链层层密密地缠于手臂上,无限的异域风情跃然而现(图 2-2-98)。

图 2-2-96

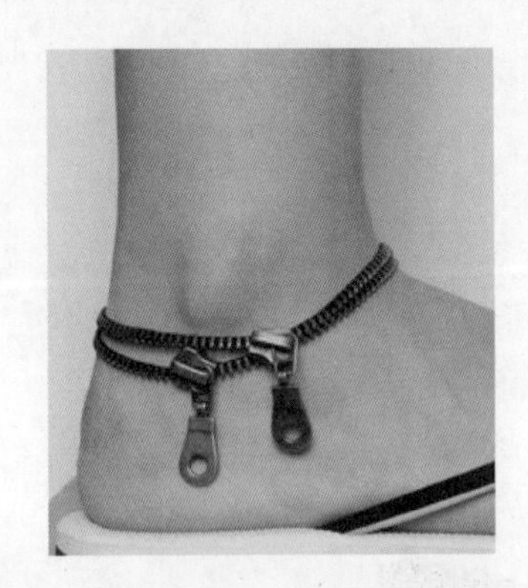

图 2-2-97

图 2-2-98

(4) 60～80 厘米的装饰长链,无论是素色或纯珠宝,只要够长,有方便的活扣,完全可在薄纱缦裙的腰间系出无限娇娆(图 2-2-99,图 2-2-100)。

图 2-2-99

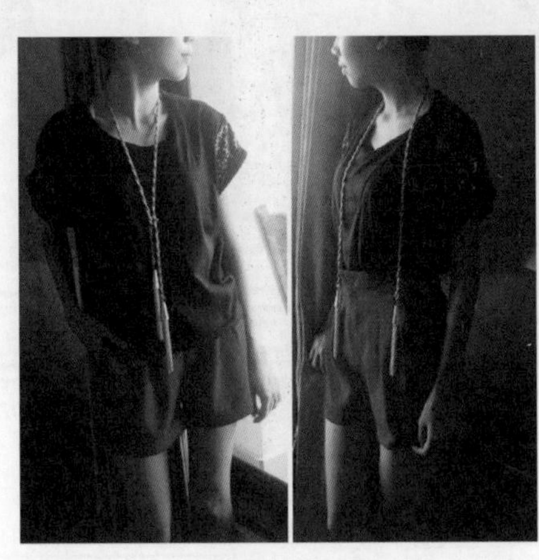

图 2-2-100

(5) 镶嵌珠宝的戒指,主次视点明显。有宝石镶制的戒指,若配合轻柔的丝巾,也是一件新颖的丝巾扣。

2. 胸针的巧用

(1) 别在脖子上做项链

将花卉胸针别在皮绳上作为项链戴在脖子上,时尚又实用。尤其是那些造型华丽的花卉,较适合在派对上佩戴(图 2-2-101)。

(2) 别在外套上做扣子

穿开襟毛衣或外套时,可以用胸针取代传统扣子,起到画龙点睛的作用。

(3) 别在樽领毛衣边

除了别在胸前的一侧外,还可以扣在樽领上,既优雅又浪漫。

图 2-2-101

(4) 别在衣服的口袋上

在外套的明袋处、牛仔裤一边的口袋上扣上胸针,都会创造出耳目一新的感觉(图 2-2-102)。

(5) 固定围巾

用披肩或围巾缠绕在颈肩时,也可以用大胸针随意固定,既能点缀净色的围巾,更能起固定围巾的作用。

(6) 组合佩戴

若扣在胸前,还可以尝试把几个小型胸针不规则地扣在一起,凸显出活泼跳动的感觉。

(7) 别在帽子上

将别致的胸针扣在帽子上,能营造鲜明的效果,显得优雅高贵,不落俗套。

(8) 别在手袋上

在净色的布制手袋上扣上胸针,深色的手袋可以搭配色彩鲜艳、闪烁的胸针,浅色手袋可搭配相同色调的胸针以营造出柔和感觉,也可运用对比的颜色使其更为夺目(图 2-2-103)。

图 2-2-102

图 2-2-103

第四节 包的搭配

一、包的种类与搭配技巧

1. 肩包

肩包是最为大众化的，它是能背在肩上的所有包的统称。根据包的大小、材质、肩带长短的不同，散发的感觉也不同。肩带长至臀线以下的长带肩包，适合搭配休闲服装；如果肩带的长度只到腰线上一点，质地为金属或者纤细狭长，就适合搭配正装。尤其是大号包，要尽量选择肩带宽的，这样才不会因为肩膀的压力过大而导致肩膀酸痛(图 2-2-104)。

图 2-2-104

2. 斜挎包

这种款式来源于邮差骑着自行车送信函与文件时，为了使双手活动自如而在肩膀上十字交叉背的包。一般都有个盖子，适合作休闲包或学生上课的书包(图 2-2-105)。

图 2-2-105

3. 大提包

这是一款可以挂在胳膊上或用手提的包，多为无封口的开放式设计。通常兼有提手与肩带，可以根据造型巧妙搭配。因为只用胳膊和手来支撑包的重量，所以如果包太大或太重，背着、提着容易产生疲劳感。最近，在环保热潮的带动下，出现了许多帆布材料的大提包。多用皮革以外的材质制造，如果尺寸适中，可以搭配休闲服装或出席普通聚会(图 2-2-106)。

图 2-2-106

4. 小书包

外形像大提包，通常被称为波士顿包。刚推出的时候，学生们用的多。这款包能装重物，有两个提手和一条长肩带，实用性很强，现在也用来搭配正装。平时出席普通聚会也可使用(图 2-2-107)。

图 2-2-107

5. 手提包

外形与大提包相似，提手较短，主要搭配正装。如果想提着去上班，那就选择一款可以装文件的正方形手提包(图 2-2-108)。

图 2-2-108

6. 新月包

这款包的形状就像垂挂在天际的一轮新月。整体看起来松松垮垮，实用而舒服。主流设计是底部没有一定的形状，主要搭配休闲服装。最近推出了一款加了涂层、形状固定的正装专用包(图 2-2-109)。

图 2-2-109

7. 手包

这款包没有挎带，可拿在手里，分为派对包和普通包两种。派对包的尺寸较小，人造宝石等将它装饰得闪亮夺目色彩艳丽；普通包款式简单，尺寸较大，平时外出也可携带(图 2-2-110)。

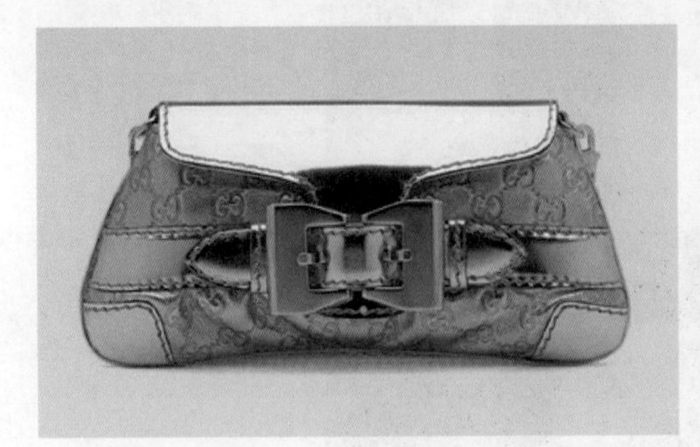

图 2-2-110

二、包与服装的搭配

包的搭配，大的方面关系到年龄、职业、季节、性格、场合、着装等因素。

1. 年龄的搭配

不同年龄段的女性对时尚的观点也不一样，包的款式应该首先和自己的年龄段吻合，使人不会产生搭配不协调的感觉，另外还要考虑包颜色的深浅和年龄是不是协调。

2. 职业的搭配

不同的职业对包的选择也有区别。办公室职员可以选择简洁一些的款式，以突出自己的品味；经常外出，可以选择休闲一些的包，显得比较有活力；如需经常面见客户或需携带一些资料，可以选择实用型包。

3. 季节的搭配

包的季节搭配主要是颜色方面的协调。夏季的包应以浅色或淡纯色为主，不会让人感觉与环境不协调；冬季应选择稍微深色的包，和季节产生协调感；春秋两季，选择余地比较大，可以多注意和衣服之间的搭配。

4. 性格的搭配

以传统型和前卫型两大类型的女性为例子。传统型的女性携带一些简约时尚类的包比较协调，显示出自己的含蓄和内涵，可以选择纯色类；前卫型的女性可以选择前卫时尚类的，散发自己的活力美，让人有耳目一新的感觉。推荐选择颜色鲜艳、款型比较潮流前沿的类型，打扮得叛逆一点也不错。

5. 场合的搭配

都说不同的场合穿不同的衣服，其实包也是一样。比如去面试新工作，你挎着很松散的包，在胸前一放，给人感觉很不简洁。这时应该携带皮质略硬、不要花花绿绿的类型包。假如去爬山，就挎上比较休闲的包，显得不拘谨；出差时，根据客户的不同，选择不同的包和衣服搭配。场合的搭配很重要，这不是你挎着什么样的名牌可以代替的。

6. 整体着装的搭配

在过去，大家都觉得包的颜色跟着鞋子和皮带走是最不会出错的搭配方式。但是这样的搭配方式并非绝对。事实上，包可以和衣服、皮带、鞋子，甚至丝巾互相搭配：

(1) 同色系搭配法

包和衣服呈同色系深深浅浅的搭配方式，可以营造出非常典雅的感觉。例如：深咖啡色套装＋驼色包(图 2-2-111～图 2-2-113)。

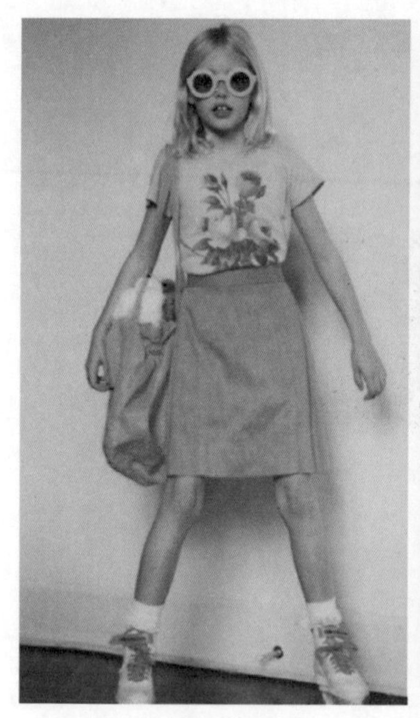

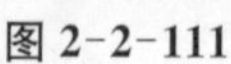

图 2-2-111

图 2-2-112

图 2-2-113

(2) 对比色搭配法

包和衣服也可以是强烈的对比色,这将会是一个非常抢眼的搭配方式。例如:黑色套装+红色腰带+红色包+黑色高跟鞋(图 2-2-114)。

图 2-2-114

(3) 中性色+1 个点缀色搭配法

即中性色服装配上点缀色包,这样搭配会让你非常出色。例如:驼色洋装+天蓝色包+驼色高跟鞋(图 2-2-115)。

图 2-2-115

(4) 和衣服印花色彩呼应的搭配法

包的颜色可以是衣服印花中的一个颜色。例如:橄榄绿底、米黄色、咖啡色印花洋装+咖啡色包+咖啡色高跟鞋(图 2-2-116)。

图 2-2-116

7. 包与服装的色彩搭配常识

(1) 黑色包——高贵,优雅,神秘,性感,韵味

可搭配衣服的颜色:白色、灰色、米色、蓝色(图 2-2-117～图 2-2-124)。

图 2-2-117

图 2-2-118

图 2-2-119

图 2-2-120

图 2-2-121

图 2-2-122

图 2-2-123

图 2-2-124

(2) 白色包——清朗，安宁，纯洁

可与任何颜色搭配(图 2-2-125～图 2-2-129)。

图 2-2-125

图 2-2-126

图 2-2-127

图 2-2-128

图 2-2-129

(3) 灰色包——成熟的中性色

可与任何颜色搭配(图 2-2-130～图 2-2-132)。

图 2-2-130

图 2-2-131

图 2-2-132

(4) 咖啡与米色包——成熟、老练、宁静(冷米、暖米)

可搭配衣服的颜色:基本色,黑色、白色、灰色(图 2-2-133～图 2-2-138)。

图 2-2-133

图 2-2-134

图 2-2-135

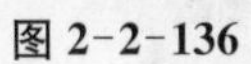

图 2-2-136

图 2-2-137

图 2-2-138

(5) 蓝色包——深邃+神秘、安静、清爽、理智、深沉

可搭配衣服的颜色:基本色,白色和黑色(图 2-2-139,图 2-2-140)。

图 2-2-139

图 2-2-140

(6) 红色包——热情与浪漫、性感

可搭配衣服的颜色:黑色、白色、黄色、蓝色、绿色(图 2-2-141～图 2-2-143)。

图 2-2-141

图 2-2-142

图 2-2-143

(7) 绿色包——大自然的色彩,清凉,生机

可搭配衣服的颜色:最宜黑色、白色及绿色(图 2-2-144～图 2-2-145)。

图 2-2-144

图 2-2-145

(8) 粉色包——独一无二的女性色彩

可搭配衣服的颜色:白色、黑色、深浅粉、玫瑰色(图 2-2-146,图 2-2-147)。

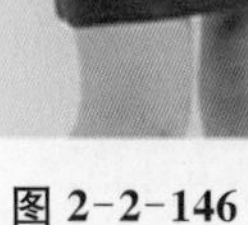

图 2-2-146

图 2-2-147

(9) 紫色包——高贵优雅的色彩,女人喜欢,却又是难以搭配的颜色

可搭配衣服的颜色:同色系深浅不同的紫色,黑色、白色、黄色、灰色(图 2-2-148,图 2-2-149)。

(10) 黄色包——激情与充满活力的色彩

可搭配衣服的颜色:橙色、黄色之间各色,白色、黑色、绿色,各种蓝色调(图 2-2-150)。

图 2-2-148

图 2-2-149

图 2-2-150

三、如何选购包袋

1. 面

平整、光滑，没有设计之外的接缝，没有鼓泡，没有裸露的毛边。

2. 里

无论是选用纺织品还是革制品，颜色都应与包面协调。里衬接缝较多，针脚应该细密，不宜过大。

3. 背带

包的重要组成部分，也是最易损坏的部分。要检查背带上有无缝合、裂纹，看背带与包身的连接是否结实。各类包都要注意背带，而背包族会更注重背带的承重与牢固度，在挑选时要特别留意。

4. 五金

作为包的外在装饰品，有画龙点睛的作用。选包时，五金的形状、做工都应十分留意，如五金呈金色，一定要咨询是否易褪色。像拉杆箱、化妆箱之类具有手柄的箱包，就要留意一下了。

5. 线

无论采用明线还是暗线缝制的包，针脚儿的长短都应均匀一致，并且没有线头外露，要注意缝合是否无皱褶，线是否都走到，看看有线头的地方是否会引起包的开裂。

6. 胶

选包时，一定要拽拽各个部件，看胶的黏合是否结实。特别是一些比较时尚的包，因为式样好看，点缀物出色，所以会很吸引人的眼球，但如果这些点缀物接合得不是很牢固，就失去了它的特色。

7. 拉锁

检查周围的线是否绷紧，和包的接合是否自然。特别是钥匙包、化妆包之类会存放比较坚硬的东西，更要多留意。

8. 搭扣

虽是一个不起眼的配件，比起拉锁来，也较易更换，但挑选时也应多留心。CD包、钱包这类需经常开合的包，选择时要注意搭扣的实用性。

四、如何鉴别箱包的面料

很多包的面料都会选择用真皮，而皮具箱包最重要的就是质量。要鉴别皮具的真伪，就要学会感官鉴定法，其实质就是通过用手摸、眼看、弯曲、拉伸等方法来观察皮具所具有的特点。

1. 天然皮革

用大拇指挤压会有细密的纹路，皮质较好的皮革表面丰满、弹性好；而皮质较差的皮革有较大条的皱纹。如果没有细小纹路，就不是天然的皮革。

2. 山羊皮

花纹呈波浪形排列，粗而细致，较绵羊皮粗壮紧实、轻盈。

3. 黄牛皮

料纹细致，毛孔呈不规则点状排列。

4. 猪皮

表面花纹通常是三个毛孔为一组分布，表面较粗糙，可软可硬。

5. 水牛皮

较黄牛皮毛孔大，皮纤维也稍粗。

6. 绵羊皮

花纹呈半月形排列，柔软性好，毛皮被稠密，表皮薄。

五、品牌鉴赏

图 2-2-151 Louis Vuitton 手袋

图 2-2-152 Burberry 手袋

图 2-2-153 Celine 手袋

图 2-2-154 Chanel 手袋

图 2-2-155 Dior 手袋

图 2-2-156 Gucci 手袋

图 2-2-157 Hermès 手袋

图 2-2-158 Prada 手袋

图 2-2-159 Fendi 手袋

图 2-2-160　Tod's 手袋

图 2-2-161　D&G 手袋

图 2-2-162　Longchamp 手袋

图 2-2-163 Loewe 手袋

图 2-2-164 Coach 手袋

第五节　鞋的搭配

一、女鞋的种类与搭配技巧

1. 女鞋的种类

(1) 高跟船鞋

高跟船鞋指的是不带有包裹住脚踝的装饰或鞋带，露出脚背的女士皮鞋。高跟船鞋一般有鞋口浅和鞋口深的区别。穿上鞋口浅的高跟船鞋，会或多或少地露出脚趾缝。女人穿这样款式的鞋子，会显得比较时尚、性感。浅口高跟鞋是很适合年轻人的款式，没有太多束缚，给人比较青春轻松的感觉；鞋口深的高跟船鞋比较适合成熟女性或者上班族，前部包脚的部分较多，看起来保守又稳重。其实，看现在大部分明星街拍和明星搭配，都能看出浅口高跟船鞋已经是主流高跟鞋款式，露出脚趾缝会很好看，脚瘦的人多露一些脚面，还可以显得脚修长(图 2-2-165)。

搭配建议：这类鞋子的设计与基本款正装很相配。穿上这样一双高跟鞋，能展现出精致优雅的气质，风采迷人。尤其是黑色的高跟船鞋，是鞋柜里必备的基本单品，配西装和普通的裙子，都能搭出职业女性的风采。

(2) 厚底鞋

在普通款式的船鞋的鞋跟部分，将前脚跟垫高的鞋子。也就是我们所称的"防水台"。说到厚底鞋，水台部分一般为3～4厘米，最近还出现了5厘米左右的鞋子。因为有防水台，后跟再高，即便长时间穿着，也不会觉得难受(图2-2-166)。

搭配建议：适合搭配休闲服装，穿牛仔裤、打底裤时还可以使双腿显得更修长。尤其适合与迷你裙和雪纺连衣裙搭配。

图 2-2-165

图 2-2-166

(3) 锥形鞋

从前脚跟到后脚跟连为一体的厚底鞋子。鞋跟一般由麦秆或软木制成，被称为"锥跟"，近年来出现了金属、木材等质地的鞋跟。这种鞋子支撑脚部的力量被分散，比细高跟鞋穿着舒服，通常在夏天大受热捧(图2-2-167，图2-2-168)。

搭配建议：与嬉皮风的长裙搭配可以使造型抢眼，也可以搭配长裙和热裤。

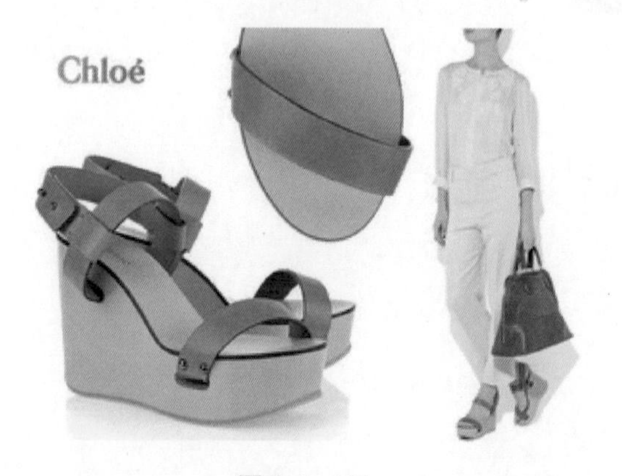

图 2-2-167

图 2-2-168

(4) 平底鞋

曾经是芭蕾舞女演员专有的足尖鞋逐渐演变为平底鞋。鞋跟一般不足1厘米，圆圆的鞋头以及脚踝的缎带，简单而可爱(图2-2-169，图2-2-170)。

搭配建议：适合搭配基本款的休闲服装，尤其适合与紧身牛仔裤和迷你裙相配。不适合每天穿，建议与有后跟的鞋子交替穿，这样可以减轻小腿肚的负担，也会有百变迷人的风采。

图 2-2-169　　图 2-2-170

(5) 脚踝搭扣绑带鞋

脚踝处绑或缠绕有细带的鞋子。为了穿得平稳而打造的绑带鞋一直在发展，形式多样，造型多变：如果在脚背中间加一根带子，就成为 T 形绑带鞋；在脚背而不是脚踝处绑带，则成为玛丽珍鞋。这种设计可以用于高跟鞋和厚底鞋等各种款式的鞋子，尤其是 T 形绑带高跟鞋，重点突出了性感(图 2-2-171，图 2-2-172)。

搭配建议：这款鞋子能给整体造型增添性感的光彩，许多还缀有人造宝石、珍珠等装饰品，还有一些经典款式可以用来穿着出席派对。一般来说，皮质 T 形绑带鞋与任何衣服都可以搭配。

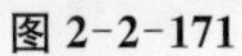

图 2-2-171　　图 2-2-172

(6) 凉鞋

利用脚背处的带子固定脚掌的开放式鞋子。固定脚部的方式分为依靠鞋头带固定，以及没有鞋头带、用脚背或脚后跟的带子固定等几种。因为双脚最大面积地袒露在外，可以尽情地自由伸展，所以这类鞋子在夏季的使用率很高(图 2-2-173～图 2-2-176)。

搭配建议：适合搭配露脚踝的连衣裙，尤其是缎带装饰的鞋型与短裙搭配很美。

图 2-2-173　　图 2-2-174　　图 2-2-175　　图 2-2-176

(7) 短靴

长度至脚踝以下,是最短的靴子。

搭配建议:与打底裤和露脚踝的裤子搭配很时尚,尤其适合搭配中性服装,打造干练清爽的形象(图 2-2-177)。

图 2-2-177

(8) 及踝靴

靴子长至脚踝。因为是紧绷设计,所以能显得小腿修长。而且,这类靴子不用追逐所谓的流行,每个季节都能穿得很时尚(图 2-2-178)。

搭配建议:适合搭配迷你裙和热裤,特别能遮住粗脚踝。如果是腿短的体型,丝袜或裤子的颜色要与靴子统一,这样会有拉长整体的视觉效果。

图 2-2-178

(9) 高筒靴

靴子长至膝盖,是最为常见的长度。这种款式的靴子能遮住小腿的缺点。矮胖身材的人要选择有跟的款式,才能有拉长小腿、显瘦的功能(图 2-2-179,图 2-2-180)。

搭配建议:巧妙遮住小腿,与任何下装搭配都不错。

图 2-2-179

图 2-2-180

(10) 过膝高筒靴

靴子长至大腿处，是靴子中最长的一款。虽然看上去挺有挑战难度，但如果搭配紧身短裙或短裤，便能打造出独特的造型，展现服装的魅力(图 2-2-181)。

搭配建议：过膝靴与丝袜相配，性感美丽。但对于腿短的女性来说，这种款式多少有点难以驾驭。

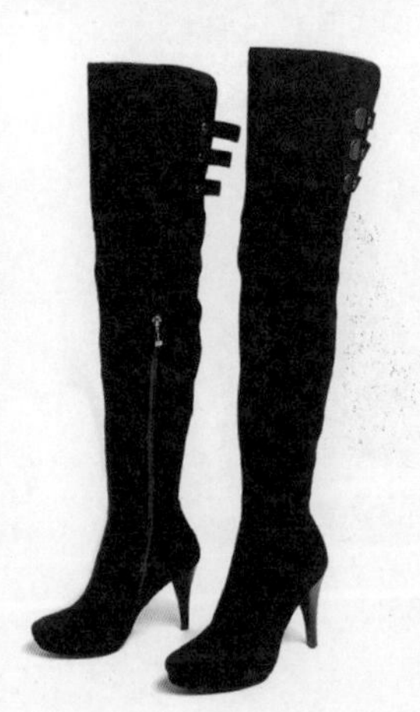

图 2-2-181

2. 鞋色与服装色的搭配

不少人在穿戴上很讲究，却忽视了鞋与服装颜色的协调统一，不注意整体美感。通常鞋的色彩比服装的颜色要少得多，只要留心，选择、搭配鞋的颜色是比较容易的(图 2-2-182)。

雅致、含蓄和庄重的装束，应当选择黑、白、灰、深棕等中性色彩的鞋。红色系的鞋子，适合与咖啡色、橙色、黄色等暖色系的服装相配；深蓝色的鞋子，应该和蓝、绿、紫等冷色调的服装搭配。

上下服装的色彩反差较大时，鞋的颜色切忌与下装的颜色过于接近，以免有上下截然断开的割裂感。这时，鞋的颜色应尽可能接近于上装色彩，以保持色调的相互呼应关系，达到协调统一的目的。

若服装的色调较浅，鞋的颜色可深一点；服装颜色较深，鞋色应该选浅一些。如果服装色调艳丽夺目，则应选配一双柔和的中性色彩的鞋子。

图 2-2-182

二、鞋子与体型

各种问题体型选择鞋子时的技巧：

1. 短粗腿、胖脚

能遮住大部分脚背的款式是不错的选择。对于这种情况，建议不要强调脚背线条为好。像玛丽珍公主鞋之类的设计，圆头鞋或脚背横向搭扣带，有效地分散了聚集到脚背部分的视线。鞋头有装饰的款式也很好。

2. 短粗腿、瘦脚

适合脚背处深开口的清爽款。像细高跟一样深开口，稍微露出脚趾。高跟船鞋或 T 形绑带鞋将大部分脚背袒露在外，显得脚部很修长。

3. 瘦长腿、胖脚

选择大面积遮住脚背部的款式。鞋头圆、并包裹住脚踝的搭扣绑带鞋，能突显出长腿，同时遮住胖呼呼的脚背。能够强调瘦长腿的懒人鞋和鱼嘴高跟鞋也很适合(图 2-2-183,图 2-2-184)。

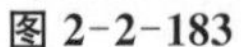

图 2-2-183

图 2-2-184

4. 胖脚、脚面宽

尽量不要穿尖头款的鞋子,这只会突显你的劣势。如果是前面有装饰的高跟船鞋,或 T 形绑带鞋的带子很宽、带有装饰或颜色暗淡等,都能或多或少地遮住胖脚与宽脚面(图 2-2-185)。

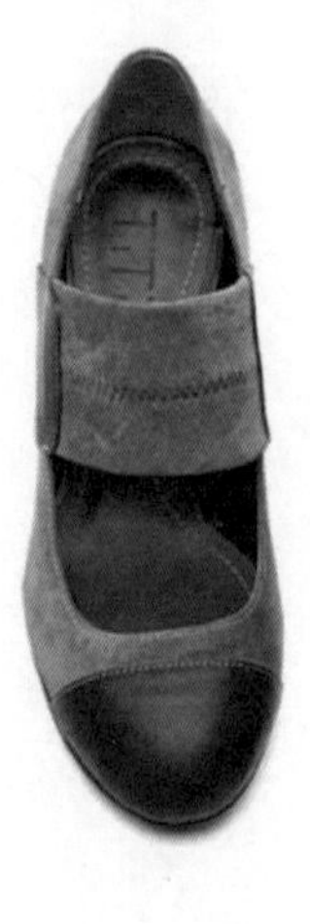

图 2-2-185

三、男鞋与服饰搭配

男性服饰要求达到整体协调,即从头到脚的颜色要相配,款式要和谐,鞋与裤子在款式和颜色的组合方面显得更重要。

1. 鞋和裤在款式造型上的组合

(1) 锥形西裤要与椭圆形尖头皮鞋相配。

(2) 直筒裤要与鞋面有 W 型接缝的青年式皮鞋相配。

(3) 喇叭裤要配有跟皮鞋,才显得身高腿长、活泼潇洒。

(4) 锥形窄口便裤要配轻便尖头皮鞋。

(5) 猎装紧腿灯笼裤配高帮翻毛皮鞋或高帮帆布面胶底鞋,才显得帅气、粗犷。

2. 鞋和裤在质地上的组合

鞋和裤的组合还要求两者使用的面料质地相吻合。裤子的质地决定鞋的表面质感,两者的质感要一致,才能使鞋与全身装束协调、流畅。

(1) 粗花呢裤子与压花皮鞋相配才有生气。

(2) 涤绒裤可以配绒面革或麂皮皮鞋。

(3) 棉麻裤可与猪皮面轻便鞋或细帆布鞋相搭配。

(4) 高统靴子与牛仔裤相配,更受年轻人的青睐。

3. 鞋和裤袜在颜色上的组合

现代人服装讲究色彩,鞋袜也不例外。最正统也是最易协调的配色方法是裤、袜、鞋采用同类色组合,再庄重的场合也能适应。裤与鞋用同色系,而袜子用不同的颜色相搭配,这是城市中流行的略显随便的配色方法。裤子为一种颜色,鞋和袜子用同色系,这种搭配更能突出个性。时髦的男青年则将劳动布的牛仔裤腿卷起，而鞋与裤里子同色。鞋、袜、裤三者分别采用三种不同的颜色组合，运用得当也会产生很好的效果，但需要较高的艺术欣赏水平。

第六节　帽子的搭配

从冰河时期至今，人类都有着保护并装饰头部的习惯。早期的帽子主要起保护的作用，以免头部受到自然力的侵害。到了20世纪，各式各样的帽型及装饰已经成为地位、传统以及风格的象征，并且在社会史以及日常生活中起着重要的作用。

如今帽子的种类繁多，帽子设计者也在运用时代的精髓以及时尚潮流的设计中充分展现了创造力。时尚界最璀璨的明星之一——夏奈尔，在建立她的时装王国之前，就是一位女帽设计师，而且是20世纪前半叶颇具影响的巴黎女帽业的先驱。

在时尚中，帽子是最重要的服饰配件之一，因为它既能美化形象，也会破坏形象。它能够刻画出脸部线条，也可以将其隐去；它能够使眼睛看上去更为炯炯有神，也可以给人注入活力使其朝气勃勃。如何选好帽子，为我们的整体搭配加分，首先要先了解不同帽型所适用的场合。

一、帽子的类型与使用场合

见表2-2-1。

表2-2-1　帽子的类型与使用场合

帽子的种类	适合的场合
药盒帽	礼仪
鸭舌帽、翻折帽、牛仔帽、钟形帽、棒球帽	郊游、旅游
棒球帽、鸭舌帽	运动
宽沿帽、罩帽、贝雷帽、毡帽、钟形帽	日常
装饰性强、造型夸张的帽子	派对、舞会

1. 药盒帽（图2-2-186）

图2-2-186

2. 鸭舌帽(图 2-2-187,图 2-2-188)

图 2-2-187

图 2-2-188

3. 棒球帽(图 2-2-189,图 2-2-190)

图 2-2-189

图 2-2-190

4. 毡帽(图 2-2-191)

图 2-2-191

5. 牛仔帽(图 2-2-192,图 2-2-193)

图 2-2-192

图 2-2-193

6. 钟形帽(图 2-2-194)
7. 宽檐帽(图 2-2-195)

图 2-2-194

图 2-2-195

8. 罩帽(图 2-2-196,图 2-2-197)
9. 贝雷帽(图 2-2-198)

图 2-2-196

图 2-2-197

图 2-2-198

帽子的规格:帽子的大小以“号”来表示。帽子的标号部位是帽下口内圈,用皮尺测量帽下口的内圈周长,所得数据即为帽号。“号”是以头围尺寸为基础制定的。帽的取号方法是用皮尺围量头部(过前额和头后部最突出部位)一周,皮尺稍能转动,此时的头部周长为头围尺寸,根据头围尺寸确定帽号。我国帽子的规格从 46 号开始，46～56 号为童帽，55～60 号为成人帽，60 号以上为特大号帽，号间等差为 1 厘米，组成系列。

二、帽子与脸型的关系

1. 圆脸

圆脸容易给人留下面部过于丰满的印象，轮廓线硬朗明快的帽子，可以使面容显得清秀，比较高的帽顶还可以使脸显得长一些。与此同时，圆脸还是一种可爱的脸型，如果斜斜地戴一顶贝雷帽或很俏皮地戴一顶宽大的鸭舌帽，会显得年轻活泼。切忌那种贴紧头型的窄沿小圆帽或钟形帽，这样会使圆脸更圆更大。

2. 方脸

方脸给人感觉不够柔美，因此过于轮廓线硬朗明快的帽子将更加暴露其缺点，可以选择线条柔和、女性味足的圆顶钟形帽。但要注意帽檐的宽度要适中，既不能过宽，也不宜太窄，过宽的帽檐显得脸太短，而过窄的帽檐则显得脸更方。

3. 长脸

过长的脸型适合平顶浅帽，过高的帽顶会使长脸愈发显得长，而较宽的帽檐则可以在视觉上平衡这种感觉。小而略长的脸最适合罩帽。

三、帽子与发型的搭配技巧

源自美国西部牛仔常佩戴的帽子，宽沿上翘，帽冠常有被捏起手拿时留下的两个凹陷，蝴蝶结的淑女设计中和了 BOB 头短发的中性感，这种帽子能让头发更加贴合脸部，打造小脸效果(图 2-2-199)。

宽檐礼帽可以转移视线重心，在不知不觉中可以完善圆脸，搭配弹力小卷发更加衬托出小脸。无论是想变得更可爱还是甜美抑或是俏皮，都可以找到适合的款式(图2-2-200)。

图 2-2-199

图 2-2-200

中长发配一顶亦正式亦休闲的兔毛淑女帽，只要用保湿美发品把发型打理一下，出席任何场合都不会出错(图 2-2-201)。

一顶盖住耳朵的温暖针织帽往往能够起到意想不到的保暖作用。这种款式尤其适合脸部比较宽的女性，露出刘海的线条感可以自然打造小尖脸效果(图2-2-202)。

图 2-2-201

图 2-2-202

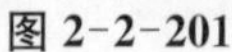

针织帽子搭配同色系围巾，会更加可爱，也很有小女生的感觉。英伦风情的格纹帽，俏皮学生无人能敌。对于大脸蛋的女生来说，最好是披散的长长的卷发，搭配外翻设计的卷发有削减脸部的效果(图2-2-203)。

贴头的帽子看上去简单又精致，无论是露出长长的直发还是短发，都很有女人味。可爱的毛绒还能完美脸部线条(图 2-2-204)。

图 2-2-203

图 2-2-204

四、帽子与服装的搭配技巧

1. 棒球帽

常用的棒球帽是与休闲造型最相配的大众化帽子。贴合着头发佩戴很好看，而戴在波浪卷发或马尾辫上，形象俏皮可爱，短发或多层次短发就稍显逊色。要根据头型与脸型来选择帽檐大小，而亚洲人基本上头型偏大，身体棱角分明，所以适合长帽檐(图 2-2-205～图 2-2-209)。

图 2-2-205

图 2-2-206

图 2-2-207

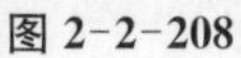

图 2-2-208

图 2-2-209

2. 贝雷帽

虽然以前主要是画家戴的漂亮帽子，但现在成了女性演绎少女感觉的单品。依据头型的不同，佩戴方法也不同，斜扣在头上或反向佩戴，形象都会有差别，可以用来打造五花八门的造型。衣着方面，裙子比裤子适合，短裙则更好(图 2-2-210，图 2-2-211)。

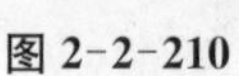

图 2-2-210　　图 2-2-211

3. 鸭舌帽

帽檐短、圆、宽是模仿以前的狩猎造型，感觉很帅气。不过，不同的搭配方法也能打造出女人味。有褶的连衣裙配 T 恤搭出层次感，再戴一顶鸭舌帽，可爱又帅气(图 2-2-212～图 2-2-215)。

图 2-2-212

图 2-2-213

图 2-2-214

图 2-2-215

4. 钟形帽

帽檐向下垂，戴的时候一定要贴合头发，突出女性的柔美，与正装（如裙子）搭配很好看（图 2-2-216，图 2-2-217）。

图 2-2-216

图 2-2-217

5. 宽檐帽

帽子结构很宽，尤其适合在夏天佩戴，既好看又能阻挡紫外线。适合搭配喇叭连衣裙或长裙，与宽脚裤相配也很好看(图 2-2-218，图 2-2-219)。

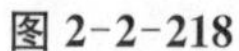

图 2-2-218

图 2-2-219

6. 罩帽

多为针织而成，根据佩戴方式的不同，所散发出的气质也大不相同。虽说遮住额头看起来英气逼人，但有点小沉闷。露出额头向后盖下的佩戴方法就很好看。与皮革的骑士皮夹克尤为搭配，也适合 T 恤牛仔裤，是一款超有用的单品(图 2-2-220～图 2-2-222)。

图 2-2-220

图 2-2-221

图 2-2-222

第七节　香水的搭配技巧

一、香水的种类与构成

通常，同一系列的香水因酒精和香料的浓度不同，分为几个等级。一般来说，香水有香精、香水、淡香水、古龙水等。不同等级的香水其持久性和价钱亦有别，其中香精的香气最持久，在香水中最为昂贵；古龙水的价格最便宜，香气的持久性也最短。

1. 香水的种类

香精是加入30%的原液，持续力达24小时以上的高价香水(图2-2-223)。

香水含有20%的原液，香气持续大约6小时(图2-2-224)。

淡香水含有15%以下的原液，适合喜欢清新淡雅香味的人，多带有压泵，以喷雾的形式出现，最容易被大众接受(图2-2-225)。

古龙水含有5%以下的原液，持续时间1～2个小时，轻逸清新，适合初次接触香水的人(图2-2-226)。

图2-2-223

图2-2-224

图2-2-225

图2-2-226

各品牌的原液含量略有不同。

2. 香水构成

上好的香水，通常都包含上百种香精。因此，每一瓶香水的香味是各有千秋的。但是，这些香味大致可分为前味、中味和后味，亦分别称香首、香体和香尾三个层次。

前味是香水最先透露的信息，也就是当你接触到香水的几十秒到几分钟之间所嗅到的，直达鼻内的味道。前调通常由挥发性的香精油所散发，味道一般较清新，大多为花香或柑橘类成分的香味。它就像一首乐曲中突然拔起的高音，立即吸引人的注意。但前味并不是一瓶香水的真正味道，因为它只能维持几分钟而已。

中味在前味消失之后开始发出，是香水中最重要的部分。也就是说，洒上香水的你就是带着这种味道示人，以这种味儿来表达自己当时的心境、情感等等信息。所以中调是一款香水的精华所在。这部分通常由含有某种特殊花香、木香及微量辛辣刺激香制成，其气味无论清新或浓郁，都必须和前调完美衔接。中味的调配是香水师最重要的责任，他除了要选择适当的香精组合来突出香水的特色以外，还要想办法使香味适当持久。中味的香味一般可持续数小时或者更久一些。

后味也就是我们常说的“余”香，通常用微量的动物性香精和雪松、檀香等芳香树脂所组成。它不仅只是散发香味，更兼具整合香味的功能。后味刚刚开始作用时，散发出来的往往称不上香，所以此时已近尾声的中味还会暂时留着，但过一会儿以后，后味的精致迷人香味便开始散发出来了。后味的作用是给予香水一种绕梁三日而不绝的深度。它持续的时候最长久，可达整日或者数日之久。抹过香水隔天后还可以隐隐感到的香味就是香水的后味。

3. 香水的香型

就像音乐中有七个基本音符一样，香水世界里也有七个基本的香水系列：

(1) 芳香——花香系列

这是种类最多，也最受女性欢迎的香味。除了玫瑰和茉莉香味较为浓郁之外，其他都非常淡雅。

(2) 清新——草绿香系列

这是一种比花香系列更刺激、更清亮的绿草清香味。由嫩草香、羊齿香、藻香和柑橘香混合而创造出一种绿野草的清凉感觉，是20世纪90年代最流行的香味之一。这种香精的挥发性比较高，因此多在室外运动时使用。

(3) 古典——旭蒲鹤香系列

旭蒲鹤香水是世界上最古老的香水之一，相传是欧洲十字军东征时，从塞浦路斯岛带回来的。这种香水的香味干爽、沉静，令人迷恋。

(4) 摩登——现代香系列

这一系列的香精是在19世纪末发现的，是从酒精及某些特殊植物中，经人工合成方式提炼出来的。因此它提供了一种自然界没有的，很有个性的略带前卫的花香，如果和天然花香系列的香精配合，还能产生一种令人惊讶的效果。如世故练达、成熟迷人的Chanel五号香水，就是以这种香味为主的。

(5) 神秘——东方之香系列

香气浓烈、刺激而长久，具有典型的东方神韵色彩。所含的麝香、龙涎香、香草香、檀香的成分比较高，因此适合晚上使用，给人一种朦胧、高贵、典雅、神秘的气质。它也是一直流行不衰的香味，如1889年出品的世界级香水Jicky现在还可以买到。

(6) 阳刚——烟草/皮革系列

这个系列的香水具烟草与皮革的香气，多为男性使用。1978年出品的埃扎罗和YSL1988年出品的爵士香水都属于典型的烟草/皮革香型。一些女性香水也大胆启用这种香味。

(7) 清扬——草原牧野香系列

Fougere这个法语常用于形容一种清新、神气、带有藻类味道的香味。这种香型常用于男性香水中，富含薰衣草香。世界上第一个流行的这种香水，是法国大师保罗·巴贵所设计的Fougere Royal，近代著名的有埃扎罗香水。

4. 香水色彩与性格的对应

在琳琅满目的香水世界中，香水的色彩越来越缤纷，除本色外，还有红、粉、蓝、黄、紫等色，加上漂亮的瓶子，着实非常诱惑人，也往往让人选择时犹豫不决，都买的话不现实，因此觉得难以取舍。其实，这些颜色是有“色语”的。这种“色语”可以更好地诠释人的性格。如果你了解了这些色彩与你性格的对应关系，就容易决定取舍了。

(1) 蓝色调香水

蓝色“色语”：蓝色首先使人联想到澄净的蓝天、碧海。如果你深受这种色彩的香水吸引，表明你内心向往这种澄净的外在空间以及恬静安适的生活。淡淡花香或花香混合东方气息的香水，都属于“蓝”调的香水。

(2) 紫色调香水

紫色“色语”：在基督教里，紫色象征圣灵的力量，它与自省、出世思想、神秘主义和信仰有着不可分割的关系。喜欢这种颜色的人生性浪漫善感、神秘。受紫色吸引，可能显示你偶尔需要摆脱日常行役的枷锁，远离烦嚣，隐逸于宁静的环境，寄情于书本，享受一杯草药茶，并接触自己灵性的一面。东方调气息能引发喜欢紫色的人内心隐逸、自隐于世的感觉，还具有慰藉情绪的作用。

(3) 粉色调香水

粉色“色语”：喜欢粉红色的人，内心充满童真。愉快、可爱、女性化、温柔、感性和温顺都是与这颜色相关连的气质。水果味、花香味香水能使人处于感觉很“粉红”的境地，甜蜜中散发着清新之感。

(4) 红色调香水

红色“色语”：有魅力、最富刺激的色彩属红色。中国传统认为红象征“阳”，或者动力。女性通常把红与动感、外向的情绪联想起来。

(5) 黄色调香水

黄色“色语”：黄色象征明快、欢畅、华丽和太阳赋予万物生命的能力，它代表希望、智慧、创意灵感，以及对光明未来的信念。你如果发觉自己每当看见黄色时心情就变得开朗起来，那么你是乐观愉快、自信有能力、积极进取的人。喜欢黄色的人，通常也喜欢走在街上阳光能照耀到的一边。所有含乙醛的花香都能触发灿烂明朗的情绪。此种色彩的香水往往都很名贵，Chanel 品牌的 No. 5 等都属于以正宗原料为基础而提炼、调配出来的上等精品香水。

二、香水的选购

(1) 选购香水时不要以为别人身上好闻的香味就一定适合你，香水在不同的人身上有着细微的差别。

(2) 初买香水时，先找找你喜欢的几款香水瓶，从中挑选出两三种你喜欢的香氛，以试香纸闻闻，感觉一下。然后将你最喜欢的香水稍喷一点在自己的手腕上，一般先试的位置在左右手腕和手肘内侧，每处可各试一种香水，并记住涂抹位置，以便过后选择。

(3) 试完香水后，至少等 10 分钟，酒精挥发掉才知道香水真实的气味。最好是离开香水柜台一会儿(因为那里通常混杂了其他香水味)给自己充足的时间(半个小时左右)，也给自己一个较清净单纯的嗅觉环境，再一次对这种香水进行一番“考验”。假如这种香味仍能给你良好的感觉，就不妨去买一瓶。甚至可以在试过几滴香水后，就大大方方地告别香水店，这样无论前味、中味、后味，都可以回家慢慢地体验，觉得好，再来买。

(4) 选购香水时，不要直接从瓶口闻香，你闻到的只是酒精刺激的气味。可以在试香纸上喷上香水后，先把试香纸轻轻对折，再放在桌上。

(5) 初买香水最好选购容量小一些的，多给自己创造一些选择的机会。但要注意：一般小容量的属于沾式香水，而容量较大的为喷式香水。因此，选购时要看清楚，看看是否有喷管，然后根据自己的喜好确定。

(6) 每次选购不一定固定一种香型或一个品牌，多尝试几种，最终总能发现最适合自己的香型和品牌。况且，由于场合不同，一个人不可能永远用一种香水。

(7) 不要在剧烈运动后或吃完饭后试用香水。体温和食物的味道会影响香水的味道。

三、香水的使用秘诀

秘诀一：直接用于皮肤上时，最好是脉搏跳动的部位。如耳根、手肘内侧、膝盖内侧等部位。因为这样，可以用脉搏和体温使香气蒸腾缭绕，制造出属于自己独特的香味，并且长时间保留。但如果对香水过敏，就注意不要在相同部位反复使用。

秘诀二：少量多处、均匀而淡薄的香气，带来的是若有若无的朦胧之美。

秘诀三：坚持一次只让一种香味停留在身上，不要把香水混着用，这样味道会变得很奇怪。如早晚使用不同的香水，或者一开始洒的香水好像不香了，就洒点其他的香水。另外，发胶、身体乳的味道也要注意，最好选用同系列的产品或无香味的，不然香味相互混合在一起，会产生令人不适的香味。

秘诀四：依时而变，香水的用量要与时令配合。晴日里，香水会比温度低的日子浓烈；雨天或湿气重的日子，香水较收敛持久。另外，春天宜用幽雅的香型，夏天最好用清淡兼提神的香型，冬日则可选用温馨、浓厚的香型。

秘诀五：切合环境，香水如时装，能起到烘云托月的效果，因而不同的环境需用不同的香水，上班时用的香水宜清淡优雅，晚宴或聚会时可选用浓烈的香水。随身携带的香水瓶一定要精致小巧，金属电镀口红香水瓶适合于配亮丽高雅的时装，玻璃瓶晶莹透明，适合休闲服饰。

秘诀六：甜蜜伴梦，香水如花香一样具有镇静、安抚精神的作用，玫瑰、柑橘花、薰衣草、茉莉等都是催眠效果极佳的植物，将以此为主要原料的香水，滴二三滴在脚上与手腕之上或耳根之后再入睡，能使梦更甜蜜。

应该避免的15个"穿"香误区：

"穿"错香水同穿错衣服一样失礼。使用香水是门艺术，对于尚未入门或初入门者来说，往往存在一些使用上的误区，这里将这些误区一一列出，以示提醒。

误区一：将香水喷在裸露、阳光能照射到的皮肤上。

原因：香水中的酒精在暴晒下会给肌肤留下斑点，此外紫外线也会使香水中的有机成分发生化学反应，易引起皮肤过敏，所以不要将香水喷在太阳能照射到的皮肤部位。

误区二：将香水喷在有尘垢、油脂，发质干枯、脆弱的头发上。

原因：这样会令香水味变质，造成对发质的伤害，应在干净、刚洗完的头发上使用香水。

误区三：先戴首饰再喷香水。

原因：先戴首饰再喷香水，香水直接与饰物接触，香料中的有机成分和色素易破坏钻石、金、银、珍珠的光泽或引起褪色及损伤，因此应先喷香水再戴首饰。

误区四：喜欢用朋友推荐的香调。

原因：每个人的体味、体温都不同，喷上同一香调的香水后所散发出来的香味是混合了个人体味的结果，即使相同的香水抹在不同的人身上，散发出来的香味也不可能会完全相同。因此，适合别人的香调不一定适合你。

误区五：用力摩擦或搓揉刚喷了香水的皮肤。

原因：这样做不但会破坏香水味道，使香味难以持久，还易刺激皮肤。正确做法是应让其附着于皮肤上，慢慢地挥发扩散。

误区六：将香水直接喷于容易流汗的腋下。

原因：很多人误以为将香水喷于腋下就可以遮盖体味。一些体味不佳、有腋臭的女性尤其喜欢这样用香水。其实这并不合理。因为，香水如果使用在易出汗、汗腺较发达的腋窝，容易和汗水混合形成令人难以接受的怪味，不但遮盖不了异味，而且香水味与汗味混合后还会"强化"异味，效果适得其反。想减轻腋下的汗味，可以喷止汗剂而不要喷香水。

误区七：日光浴前后喷香水。

原因：若在日光浴前喷香水，香水接触紫外线会刺激黑色素的产生，导致斑点形成；若在日光浴之后喷香水，香水中的酒精成分会加重对日晒后皮肤的刺激。所以日光浴前及暴晒后最好别喷香水，如果实在想用，就用不含酒精的香水。

误区八：喜欢无故晃动香水瓶。

原因：频繁晃动会加速香水的挥发。

误区九：夏天喜欢把香水放进冰箱。

原因：夏天把香水放进冰箱，喷洒时会觉得非常清凉，但这只限古龙水或淡香水。香水和香精最好不要这样放，因为水蒸气一旦渗进其中，便易导致变质。

误区十：将香水喷在两耳朵与胸前所构成的三角范围内。

原因：因为喉咙周围的皮肤非常敏感。

误区十一：使用香水的同时使用不同系列、味道浓烈的芳香型化妆品。

原因：如果使用香水的同时使用味道浓烈的芳香型化妆品，如定型美发产品、沐浴液、护肤品、止汗剂等，容易使香味发生冲突，达不到想要的效果。尤其是身体乳液的味道，一定要用和香水同一系列的身体香乳，这样才能保持身上同一的味道。

误区十二：一次喷得过多。

原因：喷得过多，味道太浓烈，易造成浪费，少量多次喷洒的效果最佳。

误区十三：随意将两种香水混合使用。

原因：有些人想借助香水打造出自己独特的香味，而随意地把味道不相融的香水混合使用。这是非常大的错误。因为一种香水的香调是熟练的调香师经过长时间测度、精心调制而成的，无论多高级的香水，没原则地随意混合使用之后，香水原有的和谐香气将会被破坏，两种香水的特色都因此被抵消。比如将夏奈尔 No. 5 与 No. 19 混合，并不能成为你独特的 No. 12 香水。

误区十四：将香水喷在耳垂上。

原因：有许多人习惯把香水喷在耳垂上。其实，香水要接触温度才能散发出它的香气，抹在耳垂这种温度低的部位，一点效果也没有。

误区十五：不考虑衣料质地，一律将香水喷于衣服上。

原因：取自天然原料的高级香料，本身呈褐色或黄色之类比较深的颜色。若将这类香水喷在衣服上容易引起斑点残留和色痕的问题，尤其是色浅质轻的高档衣服。另外，直接将香水洒在衣服上，香味会持续不散，下次若想使用不同香调的香水，则会有困扰。因此，通常情况下，香水不宜直接喷洒在衣服上。

当然，秋冬季节穿着厚衣时，喷到身体的某些部位上则不如喷到衣服上的效果佳，这时可选择一些隐蔽的位置来喷香水，既可减少香水对皮肤的刺激，又可提高使用效果。可以喷香水的位置大致有围巾、帽子、衣领、手套和胸前内衣领口、内衣、裙摆边或裙角里衬、衣襟、袖口里衬等。皮肤较敏感的人最适合这样用香水。

四、经典香水赏析

1. Anna Sui 安娜苏 Secret Wish 许愿精灵女士香水

半透明水晶瓶上坐着一位可爱的精灵，香水外包盒的正反两面各有一个可爱的小仙女，让女孩在拥有香水的同时，许下最美丽的愿望，一边期待愿望实现，一边享受着精灵们带来的芬芳气息与幸福感。

Secret Wish 许愿精灵沉浸在柠檬、哈密瓜的果香前味，搭配浪漫的花香中味与诱惑的麝香后味，让女孩在魔法学园里找到属于自己的许愿精灵。

湖水绿的瓶身营造着奇幻森林的氛围，三个面向的巧妙切割，顶着可爱的水晶球，瓶盖顶端坐落着娇美的精灵，这些童话般的元素再度点燃女孩心中的梦想，特别采用的哈蜜瓜、黑醋栗、柠檬、菠萝等果香，甜甜的气味，半透明的香水宛如精灵的翅膀，迷幻的香气宛如身在月光照耀的森林中，“Secret Wish 许愿精灵”让神话故事中的愿望实现了。

2. D&G DOLCE&GABBANA MASCULING——青春之香

这是 DOLCE&GABBANA 专为年轻男女设计的富于青春活力和朝气的情侣香水。“她”具有鲜花和麝香的气味；“他”具有鲜果和木质的味道。橘子、水仙、白樱草和青梨混合而成的透明花香，显现着“她”的清新和纯净；缓缓散溢的佛手柑、柠檬叶、迷迭香以及柚木、无花果树、麝香的气息，让人领略的是“他”的率直与活力。这是 DOLCE & GABBANA 专为青年男女推出的第一款香型，并赢得了年轻人的芳心，自此以后，D & G 几乎成为年轻、活力的代言。

3. KENZO POUR HOMME——刚毅之香

坚韧、柔情是这款香水对男士的写照。它有着浓郁的海洋气息，令人感觉清爽富有活力。为配合海的意念，这款香水瓶樽以蓝色为主色，观望之下，有悠然置身于新鲜及纯洁的海风中的感觉。另外，瓶樽上的竹叶，也昭示着男性的刚毅与挺拔。

这款香水产于1991年，稳占香水销售大国——法国男性香水市场销量的第六位，是高田贤三专为男士推出的第一款香水。

4. ANNA SUI LIVE YOUR DREAM 香水——怀旧之香

这款香水以非传统的方式融合了流行与怀旧，呈现出介于过去与未来的流行怀旧香调，是独具个性且撼动人心的女性新香氛，是美国华裔时装设计师安娜·苏的作品。它融合了花调、粉味、果香的味道，是清新淡雅味道的理想组合，反映出安娜·苏极具幻想力、创造力及幽默感。对乐于尝鲜、享受流行时髦的女性来说，极具诱惑力。紫色与黑色是安娜·苏作品的代表色。

5. GIVENCHY 纪梵希 ORGANZA（透纱）香水——非常女人香

纪梵希品牌一直以"优雅的风格"而著称于世，其香水设计理念来源于奉献给"千般宠爱于一身的女人"。透纱是纪梵希特别喜欢的一种面料。这款香水自1996年问世以来一直备受人们喜爱。它的前调是金银花、绿叶调；中调是芍药、晚香玉的味道；后调是檀香等木香的味道。瓶身设计似一位颇富魅力的女士，高雅又富有贵气。

6. Lancome 兰蔻 Miracle So magic 魔力奇迹女士香水

兰蔻奇迹香水是世界上最受欢迎的香水之一。可以说，奇迹香水是兰蔻的骄傲。兰蔻缔造了这一经典和永恒的杰作，让每一位女性得以完成遭遇"奇迹"的梦想，追寻这纯粹的快乐直至每寸肌肤。

钻石代表对爱情的坚定意念，真爱奇迹香水，便是以这样的一个概念重新诠释，创造出方中带圆、圆中带方的极简主义瓶身，来诠释新世纪真爱的永恒，也完美地表现出爱情无瑕的特质。趁着世纪交替之际，推出21世纪新款女性香水"真爱奇迹"。清亮柔美的粉红色调，象征破晓美景的光与希望，代表世纪初的明亮灿烂。花果香调的调性，也呼应欢乐活力的香水个性。

Miracle 真爱奇迹给人一种无限的遐想，前味由草香、甜蜜的荔枝汁及鸢尾草混合而成；中味则是木兰含蓄的芬芳，对比生姜及辣椒的香料气味；后味是茉莉、麝香及琥珀等香气。粉红色的液体被纤长剔透的瓶子盛着，透出淡红如晨光的秘幻现象。

7. CK one 中性香水

CK one 是由 CK 公司于1994年推出的。CK one 的瓶身设计如同牙买加朗姆酒瓶，白色透明的磨砂玻璃瓶，外包装则用再生纸做成的普通纸盒。CK one 是一款无性别香水，在仿如牙买加朗姆酒瓶的 CK one 之中，我们不分种族、性别、年龄，共同分享同一个世界。打破性别藩篱，以两性亲密共享、摆脱社会礼孝的束缚及简单的玻璃可回收包装为市场诉求，颠覆传统香水之华丽形象而成热卖。

清新明快的 CK one 前味由豆蔻、香柠檬、新鲜菠萝、番木瓜构成；中味由茉莉、紫罗兰、玫瑰、肉豆蔻组成；后味则由两种混合着琥珀的新型麝香组成，使人感到温暖与热情，成熟而丰富。

8. Chanel 5 号

"Chanel 5 号"为法国 Chanel 公司的王牌香水产品，问世于时尚潮流由古典走向现代的20世纪20年代，由著名的香水专家欧奈斯特·博瓦调制，为世界上第一款加入乙醛的香水。"Chanel 5 号"以其飘散着的清爽淡雅的芬芳，同时结合全新现代特色的包装设计，吸引着全球千百万女性，成为世界级的王牌香水，并雄踞王牌香水宝座至今。

第三章 不同服饰风格的搭配

第一节 民族风格的搭配技巧

民族风格服饰是具有地域性的传统习俗与区域文化所孕育的具有独特风格的服饰，不仅能反映民族的文化传统，还可体现民族的性格、气质和素养。由于地理位置、气候特征、宗教信仰及社会背景的不同，世界各民族都创造了具有鲜明个性和独特风格的民族服饰。

一、中国风格

中国传统服饰文化的温婉含蓄、优雅细致具有独特的艺术韵味，带有理性的超然，具有形与神的和谐。这种传统美具有内在的精神力量，通过造型、色彩、纹饰、肌理等具体形式呈现出来。在西方主流之外的传统民族文化受重视的现今，东西方文化的碰撞带来无穷设计灵感，中国风格一再呈现在国际时装舞台上。

汉服是汉族的传统民族服装。自炎黄时代黄帝“垂衣裳而天下治”始直到明末，华夏民族(汉族)在近 4000 年间，根据自己的生活习性、审美理想、哲思理念，结合经济条件和生产水平，自然发展形成一整套独具特色的服装体系。在现代，它被广泛提倡作为礼服运用于祭祀、成人礼、婚丧嫁娶、传统节日、传统文化活动等体现民族文化的场合(图 2-3-1)。

图 2-3-1

1. 外轮廓造型

改良旗袍的紧身自然线型、中式剪裁的 H 字型、A 字线型。

2. 款式与穿着方式

旗袍及其变形款式、中山装及其变形款式、肚兜、肥腿裤、中式立领及其变化领型、中式连袖及“倒喇叭”的七分袖型、对襟、一字襟、大襟、琵琶襟及其变化门襟型(图 2-3-2)。

图 2-3-2

3. 细节与工艺

中式长脚纽、盘花纽等镶、滚、嵌技艺,十字绣、满针绣、盘花绣等刺绣工艺(图 2-3-3)。

图 2-3-3

4. 色彩与图案

中国红、金、明黄、群青、黑、熟褐、宝蓝、翠绿等色。

“吉祥”“福”“禄”“寿”“喜”字符纹样、云纹、缠枝花纹样、卷草纹样、龙凤图案、牡丹、松、菊、梅、竹。

说到中国的花卉,不仅品种丰富多彩,而且各有各的吉祥之意。牡丹为百花之首,又名“富贵花”;荷花为“和合花”;灵芝为“如意草”;兰花与桂花意为“典雅、高贵”。

抽象的黑白绣花给人强烈的视觉印象,使不同的人联想到不同的时尚元素。迂回曲折的线条表现的花卉虽然大不相同,但恰好表现出中国丰富的花卉品种;中国剪纸般的印花看似零碎,但互相牵连,带有非常强烈的中国韵味,以中国红为底,大朵大朵的牡丹与翠绿色的叶片仿佛有了恰当的归宿,灵气十足;蝴蝶、牡丹、雏菊、绿叶组合而成的画面,令人想到中国的自然风光。

5. 面料

织锦缎、软缎、双绉等丝织品、蓝印花布以及各种扎染、蜡染、手绘等手工印染绘制的面料、棉麻织品。

6. 配饰

各种中国绳结，银质项圈与臂饰、手镯等，玉石、翡翠等宝石首饰，绣花鞋、手绣帕及围巾、披肩等，刺绣与锦缎的小包袋(图 2-3-4)。

图 2-3-4

二、日本风格

日本传统服饰的构成很大程度上是吸收外来文化的结果，尤其是对中国隋唐服饰文化的引进。中国古代的深衣、襦裙及胡服等直接影响日本古代的服装式样。到唐代，中日的交往达到最频繁，日本处于飞鸟奈良时期，是完成女子服饰上衣下裳基本模式的时期。在这个时期，日本女子的服饰大量吸收唐代服饰文化，从简单的样式向繁复的风格跨越。日本的平安时代，被称为贵族的时代。随着遣唐使的废除、唐灭亡，日本与中国的往来便极少了，对唐的模仿大大减弱，两国的服饰也走上不同的分叉口。

平安时代后期，现在和服的形象便逐步呈现出来，它已经是有别于唐代服饰的自成特色的“和服”。经过长期的发展，服装的款式大幅度地简化，并由上衣下裳式向上下联属的方向过渡，讲究的腰带代替裳。到了元禄时期，随着坐垫文化的发达，和服也向着不利于站立行走而适合跪坐的形式发展，下身窄小统直，服装讲究精致的华丽。

19 世纪末，天皇和武士的神秘形象引起了欧洲人的极大兴趣。时装和装饰艺术由于受到日本风格的影响而更加丰富。这就是所谓“日本化”倾向的开始。西方社会追求的是构造或者塑造人体，而日本人则恰恰相反，他们力图在人体周围营造空间。和服是由人体支撑的，并不主张炫耀服装本身。身穿和服的人必须顾及自己的坐姿和行走时的步态，要求穿着者必须具有一种精气神——这就是东方服装的精华所在。日本服装非常复杂，它成为 20 世纪 90 年代的时尚高潮。

1. 外轮廓造型

和服的 H 字线型、T 字线型(图 2-3-5，图 2-3-6)。

图 2-3-5

2. 款式与穿着方式

经过变动的和服款式（和服的外罩衣，无领无扣、直身）及其变形款式或以特殊的和服面料制成的现代时装及现代的各类时装配以和服特有的饰品。

3. 细节与工艺

交叠领、和服宽袖、华丽的手绘及手工印染技艺（蜡染、扎染、友禅染及各种花版印花等）、手工织造技艺、刺绣工艺（十字绣、包梗绣、珠片绣、贴布绣、抽纱绣等）。

图 2-3-6

4. 色彩与图案

黑色、深蓝、茶色等高级雅致的色彩，借鉴四季风物景色的色彩。如春天的草色、浅葱色与樱花、菜花纹样，夏天的蓝色、组色与朝霞、百合及水波纹样，秋天的金茶色、抹茶色、中紫灰与枫叶、秋草及菊花纹样，冬天的小豆色、绊色与卷草纹样、扇纹及团扇纹、茶具纹、蝴蝶、仙鹤及龟纹，各种蜡染、扎染等手工印染纹样。

5. 配饰

和服特有的宽腰带，固定腰带用的带扬、带缔（一种绳带），各种梳、替、发带等头饰，蓝狐披肩，与和服配套的手提包、两趾袜、木屐、花式绳结带扣。

三、印度风格

如果说旗袍是最让西方人注目的中国元素，那么斜肩剪裁也是我们最熟悉的印度元素，宝莱坞歌舞片的女主角，无一不是穿着沙丽飘然起舞的。但是这股印度风到了 T 台上有一定的改良，首先色彩不那么浓烈，其次是飘逸的轻纱更加贴身，展现女性身材美感。其实，斜肩剪裁是近年 T 台的常客，不仅仅爱马仕，优雅的几个晚装品牌都不约而同地以此作为主打设计，展现女性完美的锁骨和肩位。至于轻盈的质感，则完全由薄纱、丝绸等材质来体现，让人有心旷神怡的观感(图 2-3-7～图 2-3-9)。

1. 外轮廓造型

松散的 H 字线型、A 字线型。

2. 款式与穿着方式

高腰 T 恤、高腰背心、飘逸的一片式系扎长筒裙、飘逸的灯笼裤及膝旗袍式裙衫（侧开杈）配长裤或长裙(图 2-3-10～图 2-3-12)。

图 2-3-7

图 2-3-8

图 2-3-9

图 2-3-10

图 2-3-11

图 2-3-12

3. 细节与工艺

刺绣、珠片绣、串珠流苏及丝质缨穗、系扎式衣襟与裙襟(图 2-3-13,图 2-3-14)。

4. 色彩与图案

鲜亮夺目的玫红、桃红、大红、亮橙、金黄、金色、银色、紫罗兰、湖绿、湖蓝、钴蓝、五彩的大花或小碎花图案、古老的波斯纹样、几何条纹、佛像图案及佛教徽记等图案。

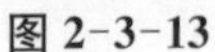
图 2-3-13

图 2-3-14

四、非洲风格

非洲是面积和人口都仅次于亚洲的世界第二大洲。非洲的民族问题非常复杂，大部分民族还处于部族的状态，部族的数量可谓世界之最。由于自然环境的影响和历史发展进程的制约，非洲传统服饰艺术始终保持着一定的原始特征，并带有显著的宗教性，反映出古朴、简洁和深沉的原始气息。非洲人坚信大自然中一切生物之所以繁衍生息、充满活力，完全是由神灵控制的生命力所支配。他们的敬奉和崇拜，无疑是祈求从祖先和神灵那里获取“生命力”来保障自己的生存。恶劣的生存环境、原始的生活方式，使非洲人对生命本能的渴望和追求表现得十分强烈。这一观念反映在非洲服饰艺术的各个构成元素之中，借助完整的形体、强烈的色彩和夸张的造型来体现出很强的感染力。单纯与简单是生活在非洲的土著居民的服饰特点。炎热的气候使服装款式简化到极致，一望无际的沙漠环境使穿着者渴望所有原始纯粹的颜色。利用自然赐予的材质装扮自己，虽没有华贵的金银饰品，却也古朴无华(图 2-3-15)。

图 2-3-15

1. 款式与穿着方式

北非埃及的系扎式、西非的贯头式服饰、东非的挂覆式衣物、南非的系扎式和佩戴型为主的装束(图 2-3-16)。

图 2-3-16

坎加是非洲地区最流行的传统服装。从外形上看,就是一块很大的长方形花布。花布四周是宽宽的边,中间是丰富多彩的图案,从花格、条纹到山水树木、花鸟虫鱼,图样十分丰富。坎加有很多种穿法,最常见的是从脖子裹到膝盖或者从胸部裹到脚趾。通常人们会成对购买坎加,一块用来裹身,一块用来包头(图 2-3-17,图 2-3-18)。

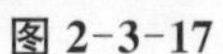
图 2-3-17

图 2-3-18

2. 细节与工艺

大块的印染、金属和珠子装饰，原住民高耸的头饰，部落女子的文面、爆炸头、动物印花等(图2-3-19～图2-3-25)。

图 2-3-19

图 2-3-20

图 2-3-21

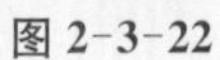

图 2-3-22

图 2-3-23

图 2-3-24

图 2-3-25

非洲风格的日常搭配(图 2-3-26,图 2-3-27)。

图 2-3-26

图 2-3-27

利用非洲风格饰品打造非洲风格(图 2-3-28,图 2-3-29)。

图 2-3-28

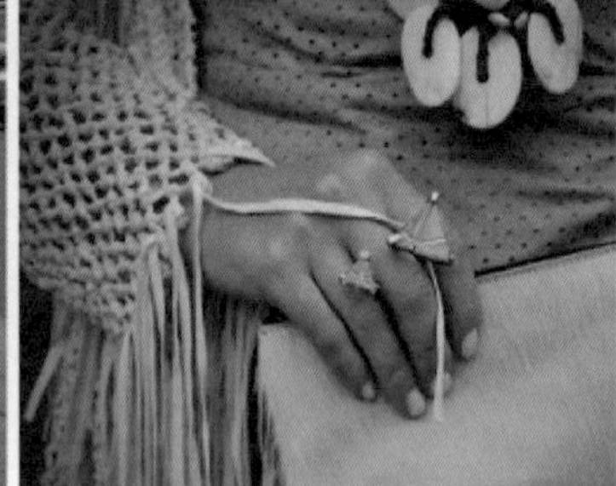

图 2-3-29

五、西部牛仔风格

一般认为美国西部牛仔以 19 世纪后期美国西部大开发为背景而产生。牛仔不仅为美国创造了物质财富,同时为美国乃至世界创造了具有深远持久影响的牛仔文化。西部牛仔是深受世人喜爱的具有英雄主义与浪漫主义色彩的人物,他们的服饰形象尤其受欢迎。牛仔服饰最初是在印第安人和墨西哥人的双重影响下产生的,但随着时间的推移,发生了潜移默化的演变,并逐渐形成了富有美国特色的美式牛仔服饰。在文学和艺术作品中,牛仔通常头戴墨西哥式宽檐高顶毡帽,腰挎柯尔特左轮手枪,身缠子弹带,穿着牛仔裤、皮上衣以及束袖紧身多袋牛仔服,足蹬一双饰有马钉的高筒皮套靴,脖子上围着色彩鲜艳的印花大方巾,骑着快马,形象威猛而洒脱,是一种典型的表现个人主义和自由精神的外在装束。经过了 100 多年的时间,牛仔服装仍长盛不衰,甚至越来越受欢迎,品种式样越来越多,面料外观工艺不断丰富、创新,这是其他服装类型所无法比拟的(图 2-3-30)。

图 2-3-30

1. 款式与穿着方式

牛仔裤、皮上衣以及束袖紧身多袋牛仔服，西部牛仔风格的衣帽和饰品。粗犷、豪放再加点“流浪”风格，无不透着粗犷的风格、浪人的不羁。而那些草帽、链饰更是将流浪者的粗犷豪放演绎得淋漓尽致（图 2-3-31，图 2-3-32）。

图 2-3-31

图 2-3-32

2. 细节与工艺

色彩鲜艳的印花大方巾、墨西哥式宽檐高顶毡帽、柯尔特左轮手枪、饰有马钉的高筒皮套靴（图 2-3-33，图 2-3-34）。

3. 牛仔风格的日常搭配

如图 2-3-35 所示。

图 2-3-33

图 2-3-34

图 2-3-35

六、英伦风格

活色生香的英伦风尚，与它的常年阴雨绵绵形成有趣的对比。最前卫，也最保守；叛逆，混搭，年轻，一点点颓废，一点点摇滚。从迷你裙到朋克装，伴随着时装史上无数富有创意的时刻，英伦时尚就是前卫的代名词，“传统与反叛”是英伦时尚的真正精神所在。服装方面，英伦风尚以简便、高贵为主，格子是英伦风格的最大特点(图 2-3-36)。

1. 款式与穿着方式

英伦风格的另一个特色是苏格兰短裙，早在 17 世纪就作为军队制服使用，今天仍有许多人在庆典、乡村舞会、高地运动会等社交活动中穿着。它在世界男装中独树一帜。一些中国时尚界人士也开始在正式设计场合尝试这一造型(图 2-3-37)。

图 2-3-36

图 2-3-37

2. 细节与工艺

格子是英伦风格的主要特点，最著名的英伦风格品牌是巴宝莉，产品包括服装、箱包、帽子、围巾、鞋子、雨伞等，以格子图案为特色(图 2-3-38～图 2-3-40)。

图 2-3-38

图 2-3-39

图 2-3-40

七、波西米亚风格

波西米亚是一个地理名词，位于捷克境内。15 世纪，许多以流浪方式生活的吉普赛人迁移至此并定居下来，豪放的吉普赛和颓废派的文化人，在浪迹天涯的旅途中形成了自己的生活哲学，后来又把这些人称为波西米亚人。如今的波希米亚不仅象征着流苏、褶皱、大摆裙的流行服饰，更成为自由洒脱、热情奔放的代名词。

因为波西米亚人行走世界，服饰自然混杂了所经之地各民族的影子：印度的刺绣亮片、西班牙的层叠波浪裙、摩洛哥的露肩肚兜皮流苏、北非的串珠，全都熔为一炉。令人耳目一新的“异域”感正符合当代时装把各种元素“混搭”的潮流。多褶大摆裙应该是本地的斯拉夫特色，各种闪亮的碎片、首饰是从印度带出来的，流苏和坠饰可能来自于中东波斯、北非摩洛哥。吉普赛人无法去追求一件上好质地的衣物，得到一件衣物后，他们只能一点一点地进行装饰，从而形成繁复的风格（图 2-3-41）。

1. 款式与穿着方式

款式宽松懒散、层叠飘逸，但整体追求大气，更具行动力。如无领裸肩的棉质短上衣、低胯的叠纱大摆长裙、宽松上衣式连衣裙、刺绣上衣、流苏马甲等。

波西米亚风的一个重要元素是手工刺绣，白色的宽松上衣加入彩色刺绣，既华丽复古又波西米亚，再配一顶大网眼草帽或一个复古手镯，怎么看都像一个热辣不羁的吉普赛女郎（图 2-3-42）。

图 2-3-41

图 2-3-42

波西米亚风格的流苏马甲是最出跳的单品。鉴于马甲的可塑性，它可以穿在宽松的上衣外面，通过柔和与硬朗的反差表现时尚的美感。用它和飘逸的雪纺连衣裙配对，它的紧致合体可以收敛裙子的宽松散漫。

2. 细节与色彩

花朵、流苏、褶皱，手工拼贴、层叠蕾丝、蜡染印花、皮质流苏、手工结绳结、刺绣和珠串，繁复装饰的皮靴、挎包，都是波西米亚风格的经典元素（图 2-3-43～图 2-3-46）。

暗灰、深蓝、黑色、大红、橘红、玫瑰红、玫瑰灰是这种风格的基色。

图 2-3-43

图 2-3-44

图 2-3-45

图 2-3-46

3. 配饰

流苏的饰品、夸张的腰带、长围巾、层叠珠链、皮绳装饰或设计优雅的麻绳腰带、流苏包、造型夸张的挂件、纯银的戒指、手镯以及臂环、木底的坡跟凉鞋或者麂皮流苏靴，都是完美的搭配单品。

第二节　复古风格的搭配技巧

复古风格是以古希腊、古罗马为典范的设计，结构严谨，比例均匀，单纯适度，强调理性，唾弃繁杂的装饰和细节，追求整体线条的流畅。

复古风格主要指从大工业前的各个历史时期的服饰中吸取灵感的设计，既有超越时代的延续性，又有新与旧的交融。传统风格的设计与经典后现代主义相呼应，主张再现历史的美，怀念昔日好时光。如对古希腊、古罗马、古埃及、巴洛克、洛可可等风格的借鉴、再现。

一、古希腊风格

古希腊风格的服饰魅力无限。它所代表的精神，所体现出的人类对自然的崇尚和对人性的尊重，在许多历史时期都散发着巨大的影响力。与此同时，它在不同的历史时期与当时的审美情趣、时代背景相融合，以不同的演化形式发生着丰富多彩的变化。

古希腊的服饰多采用不经裁剪、缝合的矩形面料，通过在人体上披挂、缠绕、别饰针、束带等基本方式，形成了“无形之形”的特殊服装风貌，大致可以划分为“披挂型”和“缠绕型”两大基本类型。随意、自然、富于变化，也是这类服装的重要特点。

古希腊服饰风格魅力永存。进入 21 世纪，人类对生态环保投入了更多的关注，成为新世纪发展的主旋律。古希腊服饰风格在此主题之下散发着无限的活力。它表现出来的人类追求自然、美好、和谐的精神境界，已成为一种超越历史而存在的崇高象征。

1. 款式特点

(1) 服装的披挂性和缠绕性。

(2) 服装的悬垂性和服装线条的流畅性。

(3) 服装的自由性和变化性。

(4) 服装的舒适性和功能性。

(5) 服装的简洁性和富于内涵的单纯性。

(6) 以无形之形的方式表现人体。

古希腊服饰整体感觉舒适慵懒，突显上身，不注重腰身，胸线以下多为直筒轮廓。宽松的设计加上褶皱、垂坠和立体花卉的白色，也几乎成为希腊式服装的经典搭配(图 2-3-47～图 2-3-52)。

图 2-3-47

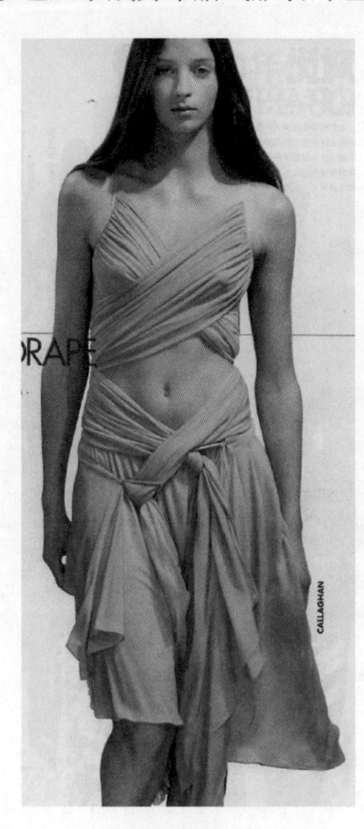

图 2-3-48

图 2-3-49

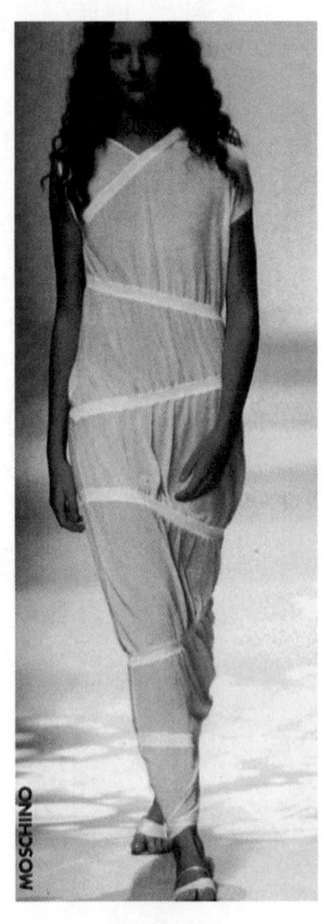

图 2-3-50

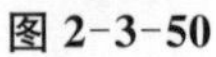

图 2-3-51

图 2-3-52

2. 细节与色彩

缠绕、别饰针、束带、腰带。

古希腊人的服装，通常由几块布料围住身体。古希腊女子懂得用腰带使服装变得立体而富于变化，再以胸针或扣结系固，形式简便。

希腊女神的形象深入人心，白色成了希腊服装的代表色。事实上，古希腊服装中最常出现的还有紫色、绿色和灰色(图 2-3-53)。

图 2-3-53

二、洛可可风格

洛可可为法语“rococo”的音译，此词源于法语“ro-caille”(贝壳工艺)，意思是此风格以岩石和蚌壳装饰为特色。洛可可艺术是法国 18 世纪的艺术样式，发端于路易十四(1643—1715 年)时代晚期，流行于路易十五(1715—1774 年)时代，风格纤巧、精美、浮华、繁琐，又称“路易十五式”。在 18 世纪法国艺术中居统治地位，对欧洲的影响巨大。洛可可总体风格讲究奢华与曲线美，善于使用“S”和“C”，在不对称中寻找平衡。

1. 款式与穿着方式

洛可可时期是女人的世界，是女性沙龙的中心。在这样的社会环境下，女装的修饰发展到登峰造极的地步。其女装的特点就是，紧身胸衣和裙撑，大的裙撑配礼服，小的则留作平时在家中使用。胸口袒露，使胸部曲线显露，领口开得很低，配有胸兜，用丝带装饰，穿在紧身胸衣和内衣的外面。典型的洛可可式宫廷衣服必须有纤长的袖子，在肘部装饰花边，可另外加上用丝带做成的蝴蝶结，低开的领口处也有大量的褶皱、蝴蝶结点缀，紧身胸衣的前部呈V字型。这样复杂的装饰在当时被看作是“庄重”的(图2-3-54,图2-3-55)。

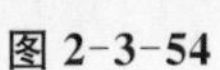

图 2-3-54

图 2-3-55

2. 细节与色彩

褶皱、花朵、水晶、蕾丝、花边、假发、帽子、美人痣。

服装细部处理十分精巧，多采用柔美精巧的花草纹样，加入金属的闪光提花织物或手工性强的手绘印花及刺绣面料。为强化古典风格的局部特征设计，常饰以华丽花边，领部细褶和袖部装饰，精巧的刺绣工艺和蝴蝶结、玫瑰花装饰等细部设计也非常普遍(图2-3-56,图2-3-57)。

整体色彩以轻柔的浅粉色调为中心，形成明亮、柔美而优雅的色彩倾向。喜用娇艳的颜色，如嫩绿、粉红、猩红等。

图 2-3-56

图 2-3-57

3. 面料

洛可可服装面料多采用质感温软的材料，浪漫而华贵，如具有优雅和透明感的缎子、消纱和蕾丝花边等。在秋冬季的材料中，多采用诸如马海毛、高比例兔毛及具有丝光感和柔软毛型感强的材料，并注重面料的表面凹凸感与浮雕感的处理(图 2-3-58)。

图 2-3-58

第三节　艺术类风格的搭配技巧

一、波普风格

波普艺术(Pop Art)产生于 20 世纪 60 年代，思想动机来源于美国的大众文化，包括好莱坞电影、摇滚乐、消费文化等。“Pop”是“Popular”的缩写，意为“通俗性的、流行性的”。至于“Pop Art”所指的，正是一种“大众化的”“便宜的”“大量生产的”“年轻的”“趣味性的”“品化的”“即时性的”“片刻性的”形态与精神的艺术风格，反映了战后成长起来的青年一代的社会与文化价值观，力图表现自我、追求标新立异的心理(图 2-3-59，图 2-3-60)。

图 2-3-59

图 2-3-60

1. 款式与生活方式

波普风格的服装改变了人们对服装优雅、独有性、耐用性的追求，取而代之的是放肆、俗气的集体狂欢。波普服装与传统高级定制时装走向对立，并走向具有学院派审美趣味的精英文化的对立面。所以传统经典服装的款式、面料、图案都产生了深刻的变化，不再严格要求服装的合体性裁剪，常常采用不对称、宽松的样式。

波普艺术是在被摧毁了的传统美学规范中建立起来的奇迹，既抛弃了传统美的浪漫，也摆脱了现代主义的理性，把设计变成新奇好玩、轻松娱乐的消遣，为普通大众创造了新的生活方式。

2. 细节与色彩

头像、动物、日常用品、影像在服饰上的装饰，字母和大横条纹，彩色塑料制成的大手镯及耳环等。

色彩上完全可以用放肆和艳俗来形容，明黄可以和蓝色、绿色搭配，红、黑、金、白等也可以大胆拼接，既新奇又惹眼。

3. 面料

除了传统的棉布，廉价的化纤、人造革，甚至塑料，被大量采用，以打破常规的组合方式，演绎出丰富、混杂又年轻活泼的大胆风格。

二、洛丽塔风格

洛丽塔是美国作家纳博科夫在 1955 年出版的小说《洛丽塔》中 14 岁的女主人公。这部小说描述了一位中年知识分子与这位 14 岁少女之间的不伦之恋。这部电影被改变为同名电影后曾在某些国家遭到禁播，但现在已经广为人知了。

洛丽塔是一个青春期少女，她具有小孩子的天真与可爱，但又受荷尔蒙的趋使而故意表现出假扮成熟的姿态，渴望摆脱束缚，以野性和放荡不羁挑战传统成人世界，试图用性感的诱惑来否认自己小女孩的身份，处于自我认识和自我迷失的状态。

洛丽塔风格，是年轻成年女性穿着一种小女孩化的、娃娃型的服饰。洛丽塔风格不单是一种服饰潮流，更是年轻人表达情感需要的方式，或是弥补自信不足的自我保护武装。

西方人说的“洛丽塔”女孩是那些穿着超短裙，化着成熟妆容但又留着少女刘海的女生。简单来说，就是“少女强穿女郎装”的情况。但是当“洛丽塔”流传到日本，日本人就将其当成天真可爱少女的代名词，统一将 14 岁以下的女孩称为“洛丽塔代”，而且态度变成“女郎强穿少女装”，即成熟女人对青涩女孩的向往（图 2-3-61，图 2-3-62）。

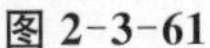
图 2-3-61

图 2-3-62

1. 款式

娃娃装、公主裙、超短裙、高跟鞋、文胸、背带裤、连帽衫、小塔裙等(图 2-3-63～图 2-3-65)。

2. 细节与色彩

蕾丝、荷叶边、雪纺、大花朵、泡泡袖、珠片、刺绣、粉嫩色等。

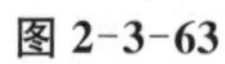

图 2-3-63

图 2-3-64

图 2-3-65

三、朋克风格

二战后 20 世纪 70 年代中期,在经济不景气和特殊的社会政治背景下的英国社会下层的青年人中间,产生了由失业者和辍学的学生组成的反传统主义的“工人阶级亚文化”群体——朋克集团。他们用自己特立独行的装束风格彰显自己,表明其与主流文化及其他青年亚文化圈的不同。他们拒绝权威,提倡消除阶级,崇尚“性和颠覆”,其影响的不仅是传统意义上的音乐,更是一种对时尚和时髦的抗拒和反叛,由此产生了一种服装的流行风格——朋克风格。

VivianWesterwood 被称为“朋克之母”,她是 20 世纪后期国际上最重要的设计师之一,早在 70 年代就以叛逆的服装风格成名。这种服装就是早期朋克运动的服饰。许多人将 VivianWesterwood 对时装界的贡献总结为将地下和街头时尚变成大众流行风潮(图 2-3-66)。

图 2-3-66

1. 款式与生活方式

朋克风格主张 DIY,把廉价服装和布料进行再造加工,使服装呈现出一种新的粗糙的风格。狗链、鱼网袜是朋克风格饰品的代表。身着帆布鞋、紧身 T 恤、镶有撞钉的皮带、颜色鲜艳的运动夹克等,则是新朋克风格的代表。发展到后来,开始流行穿鼻钉、舌钉等,穿黑色 T 恤或黑色有风帽的运动衫、牛仔裤、廉价的平底鞋等,并流行小装饰,服装上印有不同图案和文字的各式各样的 logo,以此来表达他们的内心感受,从不被大众时尚潮流所左右(图 2-3-67,图 2-3-68)。

2. 细节

暴力或色情的图案、鱼网似的长统丝袜、马丁博士靴、特大号安全别针、粗大的项链、文身、撞钉、涂黑眼圈、鼻钉、烟熏妆等。

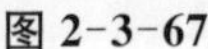

图 2-3-67

图 2-3-68

第四节　打造个人的着装风格

现代人已经拥有前所未有的审美观念和鉴赏能力，尤其表现在个人服饰的穿用水平上。衣着追求个性、追求自己的风格，是她们所殷切期望的，而且往往随着生活水平的提高而更为迫切。从众心理的淡化是形成自己穿着风格的外部因素，自主意识的强化则成为形成自我风格的内在动力。

如何打造个人的着装风格？一方面是逐步培养挑选服饰的眼光和品位，另一方面是提高搭配技巧。

一、体验“古着”的时尚

“古着”是日文的译音，又称“old clothes”“secondhand clothing”。虽然是“二手服装”，但这几年由日本流行而来，在年轻人当中非常流行。那些真正有年代的、现在已经不生产的服饰，无论使用的面料、细节的剪裁甚至用途，都是当时那个时代的缩影，有着特殊的味道和价值。这几年国际时尚界吹复古风，服装设计师把现代元素加入古着服饰里，洗掉“土味”的同时带出古着服饰经典的一面。现在的“古着族”的共同点是：重感情，与众不同，有自己的个性与主张。

其实，掀起复古风潮的，不仅仅是日本，英国也有“古着”这个词，但是叫“Vintage”，翻译过来是“古老而品质优良的”。这个词语，虽然代表“old”，但是并不代表陈旧。“Vintage”体现了一种成熟的经典魅力、一种生活态度，坚持不放弃，激进而随意，永远代表着前卫个性的个人时尚观！

我们可以去翻翻家里的旧衣柜，看看能不能翻出一件祖母或母亲的旧衣服，试着把它穿出时尚，穿出古董衫的魅力来。如果找不到，你也可以去网店寻找“古着”的专卖店，寻找那些既有旧衣的独特气质，又能传达摩登意念的衣服。各种来自不同时代、式样繁多的古着，是为装扮增添个性元素的佳品，能让你瞬间从人群中脱颖而出，成为与众不同的街头靓影。同时，独一无二的服饰单品也是打造个人独特风格的有效道具。

日本原宿是东京街头文化的代表，是日本著名的“年轻人之街”，如图 2-3-69～图 2-3-74 所示。

图 2-3-69　图 2-3-70　图 2-3-71　图 2-3-72

图 2-3-73

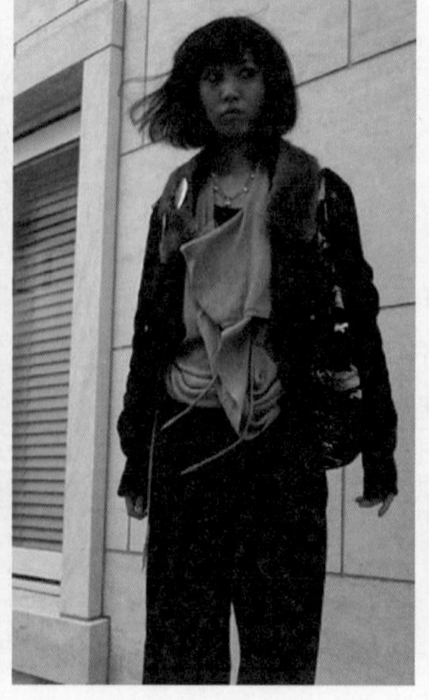

图 2-3-74

二、一衣多配，搭出属于自己的独特

1. 一衣多配，搭配出不同风格

见图 2-3-75。

图 2-3-75

2. 牛仔裤的多种表情

(1) 街头嬉皮风貌

窄裉裤可轻松地让街头装扮充满摩登气息，且风格十足。秘诀是找到一件极具设计感的 T 恤，独树一帜的涂鸦印花、别致的肩部设计，都令人眼前一亮。抗拒中规中矩，古怪设计更令你脱颖而出。推荐以潮人钟爱的限量版帆布鞋搭配，营造街头嬉皮风貌(图 2-3-76)。

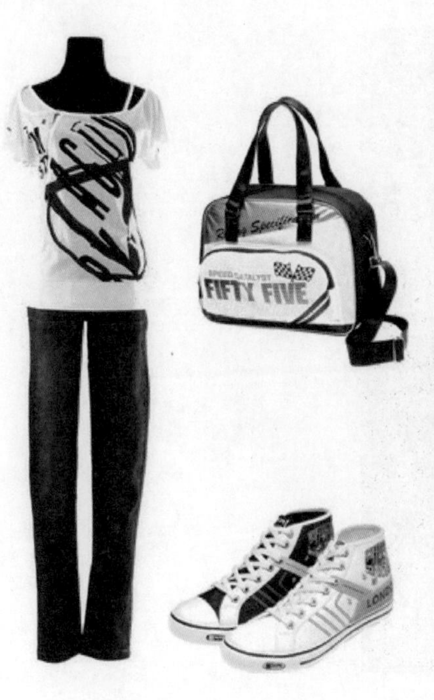

图 2-3-76

(2) 都市简约风格

牛仔裤向来是喜欢简约风格的潮人们的心头最爱。不想繁复，却又对装扮要求颇高的你，将一件简单而不失风格的宽松 T 恤穿得更酷的秘诀，便是窄腿牛仔裤。没有任何多余的装饰，却可突出与众不同的独特气质(图 2-3-77)。

图 2-3-77

(3) 摩登中性风格

白衬衫牛仔裤的搭配是经典中的经典。但要想穿出摩登，则要加入当季流行元素。修长剪裁的短袖长衬衫和大热单品牛仔窄褪长裤的搭配，只需加条粗犷线条的宽腰带和坡跟鞋，营造出的中性风貌让你在万紫千红中倍显与众不同(图 2-3-78)。

图 2-3-78

(4) 浪漫甜美风格

超级热门的维多利亚风格白色衬衫怎能缺席时尚总动员。除了搭配纯情到极致的白色裙装,以同样热门的牛仔窄腿裤作搭档,则更显时髦味道,在纯洁甜美中加入了流行元素。这样去约会的你,即便面对他再挑剔的眼神,也会拥有百分百的自信(图 2-3-79)。

(5) 性感魅力

经典的一件式连衣裙也可以穿得与众不同,以瘦腿牛仔长裤搭配,可以让整个人轻松得可以随时跳起来,不必拘泥于穿着小礼服时的那种做作刻板。周末去酒吧跳舞,或者参加小型社交聚会,一举一动都散发性感魅力的你,定可成为全场焦点(图 2-3-80)。

图 2-3-79　　图 2-3-80

后　记

我们此次编写的《服饰礼仪和搭配技巧》是在纺织服装高等教育“十二五”部委级优秀教材基本上修订完成的。具有如下特点：

第一，本书的读者对象为所有关注自身穿着打扮和形象礼仪的人，具有普及性。

随着社会的进步，服饰礼仪和搭配技巧是人人需要认真考虑、认真面对的问题。本书的主要读者对象为所有关注自身穿着打扮和形象礼仪的人。最近几年出版的服饰礼仪方面的书籍市场上很难找到，与服饰搭配相关的书籍则理论性较强，一般是专门针对年轻女性、男士和儿童的服饰搭配技巧等，不具有普及性。

第二，作者在多年的教学实践和市场调研积累中积累了大量的材料和原始图片，服饰搭配技巧的内容，很多属于原创素材，增加了本书内容的可读性。

第三，社会、市场需要把服饰礼仪和搭配技巧进行整合，以突出实用性和可借鉴性。本书也是博采众长的产物，是吸取众多学者、作者的研究成果，采纳众多著作和教材的营养基础上完成的。不同国家的服饰礼仪和部分服装品牌鉴赏的内容来源于网络资源的整理。在此，向这些著作和资源的作者，致以诚挚的谢意。

另外，本书是浙江省社会科学界联合会社科普及课题成果。在课题申报时得到了浙江纺织服装职业技术学院副院长杨威教授和纺织服装文化研究院院长冯盈之教授的指点，也听取了宁波大学传媒学院程旭兰副教授、浙江纺织服装职业技术学院雅戈尔商学院徐美萍老师、时装学院郑宁老师和人文学院王冬梅老师的建议。对于他们的指点和建议，我们深表谢意。本书也通过了浙江省社会科学界联合会组织的专家评审，获得了浙江省社会科学界联合会社科普及出版资助，对于专家的评审和浙江省社会科学界联合会的工作表示感谢。同样，在出版过程中，也得到了东华大学出版社社科编辑部主任曹晓虹的大力支持，她对稿件的审核和校对付出了很多。浙江纺织服装职业技术学院易斯戴学院副院长姚大斌老师还专门为本书设计了封面，我们也表示衷心的感谢。

本书的编写，是在作者现有研究水平基础上的成果，由于主客观的原因，难免有遗漏和错误之处，诚恳希望批评指正。

2017 年 5 月

参考文献

[1] 刘建长，程旭兰. 公关礼仪概论[M]. 杭州：浙江大学出版社. 2010. 4.
[2] 董保军. 中外礼仪大全[M]. 北京：民族出版社. 2005. 3.
[3] 历尊. 实用公关礼仪[M]. 北京：中国纺织出版社. 2006.
[4] 郑小九，黄传武. 公关与礼仪修养[M]. 天津：天津教育出版社. 2008.
[5] 金正昆. 社交礼仪教程[M]. 北京：中国人民大学出版社. 2005.
[6] 金正昆. 公关礼仪[M]. 北京：北京大学出版社. 2005. 8.
[7] 冯兰，李荣建，杨丹. 现代公关礼仪[M]. 武汉大学出版社. 2007. 12.
[8] 熊卫平. 现代公关礼仪. 2 版[M]. 北京：高等教育出版社. 2007. 8.
[9] 林友华，杨俊. 公关与礼仪[M]. 北京：高等教育出版社. 2008.
[10] 吴静芳，蔡葵. 服饰品设计[M]. 杭州：中国美术学院出版. 1998. 4.
[11] 王晓威. 服装设计风格鉴赏[M]. 上海：东华大学出版. 2008. 10.
[12] [韩]李东叔. 我最想要的穿衣造型书[M]. 丘雅婷，译. 南宁：广西科学技术出版社. 2011. 1.
[13] 王静. 选对色彩穿对衣[M]. 桂林：漓江出版社. 2010. 1.
[14] 张富云，吴玉娥. 服饰搭配艺术[M]. 北京：化学工业出版社. 2009. 7.
[15] 何浩然，杨丹妮. 中外礼仪[M]. 大连：东北财经出版社. 2008. 12.